SUR

L'HISTOIRE ABRÉGÉE DE L'HORLOGERIE,

COMPRENANT LA DIVISION DU TEMPS PAR LES CADRANS SOLAIRES ET LES CLEPSYDRES, DEPUIS 740 ANS AVANT J. C., ET PAR LE SECOURS DE L'HORLOGERIE DEPUIS LE 10e SIÈCLE ENVIRON, JUSQU'A NOS JOURS;

Par L. PERRON,

HORLOGER-MÉCANICIEN, MEMBRE DE L'ACADÉMIE DES SCIENCES DE BESANÇON, DE LA SOCIÉTÉ D'AGRICULTURE, SCIENCES NATURELLES ET ARTS DU DÉPARTEMENT DU DOUBS, ETC., ETC.

PRIX : 2 FRANCS.

A PARIS,

CHEZ BACHELIER, IMPRIMEUR-LIBRAIRE
DU BUREAU DES LONGITUDES, ETC., QUAI DES AUGUSTINS N° 55.

A BESANÇON,

CHEZ BINTOT, LIBRAIRE, PLACE SAINT-PIERRE. | CHEZ L'AUTEUR, GRAND'RUE N° 13.

1834.

ESSAI

SUR

L'HISTOIRE ABRÉGÉE

DE L'HORLOGERIE.

Tous les exemplaires seront signés de l'Auteur.

BESANÇON. — IMPRIMERIE DE OUTHENIN CHALANDRE FILS.

ESSAI

SUR

L'HISTOIRE ABRÉGÉE

DE L'HORLOGERIE,

COMPRENANT LA DIVISION DU TEMPS PAR LES CADRANS SOLAIRES ET LES CLEPSYDRES, DEPUIS 740 ANS AVANT J. C., ET PAR LE SECOURS DE L'HORLOGERIE DEPUIS LE 10e SIÈCLE ENVIRON, JUSQU'À NOS JOURS; COMPRENANT LES NOMS DES ARTISTES QUI ONT OBTENU DES RÉCOMPENSES AUX DIFFÉRENTES EXPOSITIONS DES PRODUITS DE L'INDUSTRIE FRANÇAISE;

SUIVI DE

1° La description d'un Pendule compensateur à lame bi-métallique, et d'un échappement nouveau; 2° d'un Mémoire sur l'Isochronisme des vibrations du balancier par le ressort spiral appliqué à différentes espèces d'échappement; 3° et d'un Essai sur le Rhabillage, recherches sur les causes d'arrêt des Montres et des Pendules; moyen de les corriger.

Par L. PERRON,

HORLOGER-MÉCANICIEN, MEMBRE DE L'ACADÉMIE DES SCIENCES DE BESANÇON, DE LA SOCIÉTÉ D'AGRICULTURE, SCIENCES NATURELLES ET ARTS DU DÉPARTEMENT DU DOUBS, ETC., ETC.

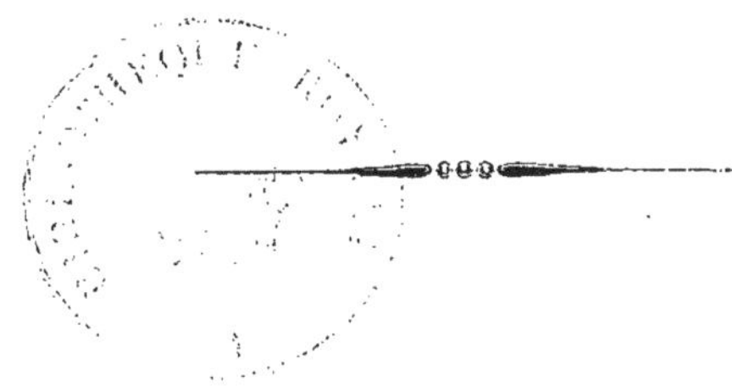

A PARIS,

CHEZ BACHELIER, IMPRIMEUR-LIBRAIRE

DU BUREAU DES LONGITUDES, ETC., QUAI DES AUGUSTINS N° 55.

A BESANÇON,

CHEZ BINTOT, LIBRAIRE, PLACE SAINT-PIERRE. | CHEZ L'AUTEUR, GRAND'RUE N° 13.

1834.

PRÉFACE.

Si des artistes parviennent à obtenir quelques succès dans leur art, ils ne les doivent qu'à de longues expériences, à de profondes méditations, à une application soutenue, et aux talens qu'ils ont acquis à force de veilles et de privations, qui non-seulement compromettent leur santé, mais souvent contribuent à la perdre entièrement. Entraîné par le désir de se rendre utile à ses compatriotes et à ses collègues, l'artiste ne compte pour rien toutes ses peines, s'il peut parvenir à son but, et s'il obtient la gloire d'avoir réussi dans ses travaux.

La connaissance de la division du temps, si elle n'est pas

importante à connaître, sera peut-être intéressante pour les artistes, et les ouvriers, et même pour les personnes étrangères à l'horlogerie; F. Berthoud, dans son *Histoire de la mesure du temps par les horloges*, donne tous les détails qu'on peut désirer; il cite les noms des auteurs des découvertes, des différentes inventions et leur date, etc.; mais cet ouvrage en deux volumes est devenu rare; il est aussi d'un prix assez élevé pour la plupart des artistes et ouvriers; j'ai pensé qu'il serait bien de rassembler ici très brièvement tout ce qu'il y a de plus intéressant dans cet ouvrage qui m'a été d'un très grand secours; j'y ai puisé beaucoup de notes, et les noms de la plupart des artistes et des savans qui se sont signalés dans notre art; j'ai ajouté les noms d'autres artistes qui ont succédé à l'auteur de cet ouvrage depuis sa publication; l'*Histoire de l'astronomie moderne* par Bailly m'a fourni aussi beaucoup de documens intéressans sur les clepsydres et les cadrans solaires, ainsi que d'autres ouvrages que j'aurai occasion de citer.

La manufacture d'Horlogerie établie dans notre ville, et qui depuis plus de quarante ans contribue à la prospérité de notre pays, m'a inspiré l'idée de ce travail; les artistes et les ouvriers qui la composent trouveront dans ce petit ouvrage avec l'histoire de leur art, un grand nombre d'inventions utiles, de descriptions de pendules, d'échappemens, etc. etc. dont ils pourront profiter.

L'Horlogerie, cet art qui renferme tout ce que la mécanique a de plus subtil, et en même temps de plus sublime, et par lequel l'artiste sait animer les différens métaux employés dans toutes les machines destinées à la mesure du temps, et leur créer une sorte de vie, non-seulement nous montre à chaque instant du jour sa division en heures, minutes et secondes, mais encore parle à toute la société, en lui faisant connaître l'heure pendant le jour, mais plus utilement encore pendant la nuit, au moyen de la sonnerie des horloges, par un marteau frappant sur une cloche, ou sur un timbre, l'heure marquée par les aiguilles, et que les ténèbres de la nuit nous empêchent d'apercevoir.

Complètement étranger à la culture des lettres, je ne puis être ni élégant, ni correct dans mon style, mais j'espère qu'on excusera ma diction, je n'ai nulle prétention à l'esprit, ni au talent d'écrire, j'exprime mes idées, tel que je le faisais à mes élèves, et mon seul désir est de me faire comprendre.

ESSAI

SUR

L'HISTOIRE ABRÉGÉE

DE L'HORLOGERIE.

Dès les premiers âges du monde, les peuples se sont occupés de la division du temps ; ce fut un des premiers besoins des hommes vivant en société, soit pour régler chaque jour le temps du travail, soit pour connaître celui du repos, et fixer les saisons propres à l'agriculture. La nature elle-même avait bien réglé ce temps par l'alternative de la lumière et des ténèbres. Le soleil, ce grand astre autour duquel tournent tous les astres secondaires, les planètes, leurs satellites, les comètes, etc., fut la première mesure du jour. Le temps qui s'écoule depuis le lever du soleil jusqu'à son coucher est appelé jour ; celui qui s'écoule depuis son coucher jusqu'à son lever, s'appelle nuit ; et ces deux temps, c'est-à-dire depuis un minuit à l'autre, composent le jour solaire. Les astronomes le commencent à midi ; ils comptent d'un midi à l'autre les 24 heures de suite ; ils l'appellen jour astronomique ; il est divisé en 24 parties égales appelées heures, qui sont subdivisées en 60 minutes ; chaque minute, en 60 secondes, et la seconde en 60 tierces.

« Les Romains divisaient le jour en quatre parties appelées » veilles ; cette division se trouve encore chez les Indiens ; ces » quatre parties étaient : le matin, le midi ou le milieu du jour, » le soir, et minuit ou le milieu de la nuit (1). »

Les retours du soleil au méridien ont donc fixé la durée du

Hist. de l'astr. mod. tom. I, pag. 61.

jour : on croit que c'est aux Egyptiens qu'on doit sa division en vingt-quatre parties. La révolution apparente du soleil autour de la terre composa l'année de 365 jours et quart. Pendant le cours des années on s'aperçut que les jours solaires étaient inégaux ; on reconnut deux temps différens ; le temps marqué par le soleil fut appelé temps vrai ou apparent, et celui marqué par les horloges fut appelé temps moyen. C'est celui dont on se sert aujourd'hui.

« L'inégalité du soleil conduisit Hipparque (1) à une découverte importante, celle de l'inégalité des jours ; un jour » artificiel de 24 heures est l'intervalle de temps écoulé entre » un midi, ou le passage du soleil au méridien, et le midi suivant. Mais dans cet intervalle le soleil s'est avancé par son » mouvement propre d'un degré vers l'orient ; de sorte qu'en » un jour les 360° de l'écliptique passent au méridien, plus ce » degré dont le soleil s'est avancé. Il n'y aurait point d'inégalité » à cet égard, si le mouvement du soleil était toujours le même ; » mais il varie depuis 57' jusqu'à 61', et ces quatre minutes de » différence rendent les jours inégaux. Le temps du jour se » compte par la révolution diurne autour des pôles de l'équateur ; le mouvemeut du soleil a lieu dans l'écliptique, et il » résulte de l'obliquité de ces deux cercles, qu'à des parties égales » sur l'écliptique répondent des parties inégales sur l'équateur. » Quand le soleil s'avancerait tous les jours uniformément d'un » degré, ce degré répondrait sur l'équateur à des parties tantôt plus grandes, tantôt plus petites, d'où naît une nouvelle » différence dans la longueur des jours. Ces inégalités, en s'accumulant, forment l'équation du temps, ou la différence du » temps vraiau temps moyen, du temps marqué par le soleil » au temps marqué par une horloge bien réglée, et qui marche » d'un mouvement toujours égal et uniforme (2). »

(1) Hipparque vivait à Alexandrie 160 ans avant J. C.
(2) *Hist. de l'astr. mod.* tom. I, pag. 65.

Le soleil, au moyen d'un cadran sur lequel l'ombre d'un style se déplace à chaque instant, a dû donner la division du jour; mais il ne pouvait servir à mesurer le temps que pendant le jour. Il fallut trouver un moyen pour le mesurer pendant la nuit et les jours nébuleux auxquels l'absence trop prolongée du soleil faisait éprouver de longues privations. Les clepsydres ou horloges d'eau furent inventées, et restèrent en usage pendant plusieurs siècles, malgré toutes leurs inégalités et imperfections.

Quelques savans prétendent que les clepsydres sont plus anciennes que les cadrans solaires; cependant la plus ancienne invention qu'on connaisse pour mesurer le temps, date d'environ 740 ans avant J. C. : c'est l'horloge d'Achaz, roi de Juda. C'étoit un cadran solaire; et les anciens donnaient ordinairement le nom d'horloge aux cadrans solaires. Achaz mourut l'an du monde 3309, ou 726 ans avant J. C. : selon Falconnet, cette invention appartient aux Chaldéens ou aux Phéniciens, qui l'apportèrent en Judée.

Anaximandre de Milet, qui vivait 547 ans avant J. C., fut, au rapport de Pline, l'inventeur de la sphère. Selon Diogène Laërce, il apprit à faire des horloges (cadrans solaires), et les fit connaître aux Lacédémoniens et dans toute la Grèce.

La plus ancienne clepsydre dont l'histoire fasse mention est attribuée à Platon, disciple de Socrate, qui vivait 400 ans avant J. C.; c'était une horloge nocturne qui indiquait les heures de la nuit par le son et le jeu d'une flûte.

La première espèce de clepsydre décrite par Bailly dans l'*Histoire de l'astronomie moderne*, était composée de deux cônes renversés : l'un creux et percé d'un trou à son sommet, l'autre solide. Ces deux cônes étaient si bien arrondis, qu'en les mettant l'un dans l'autre ils se joignaient parfaitement. Le cône creux avait des dimensions telles, qu'étant rempli d'eau il se vidait entièrement dans la durée du plus court jour d'hiver : sa longueur était partagée en 12 parties, et l'abaissement de l'eau marquait les heures; ou bien, peut-être, l'eau tombée et reçue dans un vase indiquait les divisions égales du jour par ses différentes hauteurs. Lorsque les jours grandissaient, et que les heures devenaient plus longues, on introduisait le cône solide, et selon qu'il était plus ou moins avancé dans le cône creux, l'eau passait avec plus ou moins de facilité; il fallait plus de temps pour écouler la même quantité d'eau, et les parties du jour ou les heures devenaient plus longues. Le cône solide était porté par une règle graduée, qui montrait de combien il devait être enfoncé ou retiré suivant la longueur des jours. Cette machine simple et grossière, quoique ingénieuse, devait être difficile à exécuter, en lui supposant la moindre exactitude.

La seconde espèce de clepsydre fut plus ingénieuse et plus agréablement construite. C'était une colonne sur laquelle on traçait obliquement les lignes des heures; on tirait deux lignes verticales diamétralement opposées sur la colonne, lesquelles étaient divisées de bas en haut, l'une dans le rapport du plus long jour à la nuit la plus courte, l'autre dans le rapport contraire du plus court jour à la plus longue nuit. On subdivisait chacune de ces quatre divisions en douze parties qui représentaient les heures du jour et de la nuit; la colonne était mobile, et faisait une révolution sur elle-même dans l'espace d'une année; de manière que, suivant la proportion des jours divisés en douze parties, ou heures, elle présentait successivement des espaces plus ou moins grands, qu'une petite figure placée à côté marquait avec un index. C'était la clepsydre de Ctésibius dont nous parlerons à son article.

La troisième espèce de clepsydre est celle où les anciens appliquèrent, pour la première fois, quelques connaissances astronomiques : au dessous du cadran des heures en était un autre, autour duquel étaient marqués les signes du zodiaque et les degrés de l'écliptique. Un tambour mobile, au centre de ce cadran, portait l'image du soleil et tournait dans l'espace d'une année; l'eau qui tombait dans un réservoir élevait un morceau de liége, qui tenait à une chaîne légère entortillée autour de l'axe de l'aiguille; à l'autre bout de la chaîne était suspendu un poids qui faisait équilibre au morceau de liége, lequel en montant faisait descendre le poids, et tourner l'axe et l'aiguille des heures.

La quatrième espèce de clepsydre qu'on croit la dernière inventée, parce qu'elle suppose plus de connaissances, était appelée anaphorique. On traçait sur le cadran la projection des cercles de la sphère; les différens parallèles du soleil y étaient décrits. La partie diurne et la partie nocturne de ces parallèles étaient chacune divisées en douze parties par les cercles horaires; un clou à tête représentait le soleil que l'on pouvait placer chaque jour dans le degré de l'écliptique où il était réellement. Ce clou, mis en mouvement par la chute de l'eau, décrivait le parallèle du soleil et montrait les heures. On voit que cette horloge appartient à un siècle plus éclairé que les premiers.

Les clepsydres ont été en usage à la Chine, dans l'Inde, et sans doute dans la Chaldée, dans l'Egypte, dans la Grèce où Platon les introduisit, et dans toute l'Asie. Pline rapporte, *lib.* 37, *cap. I,* que, dans un triomphe de Pompée, on porta parmi les dépouilles de l'Orient une horloge qui était dans une boîte tissue de perles. César les trouva en Angleterre lorsqu'il y porta ses armes; cet instrument nouveau lui donna lieu d'observer que les nuits de ce climat étaient plus courtes que celles d'Italie. Les cadrans au soleil n'ont pas été d'un usage aussi général, mais ils ont précédé les clepsydres.

L'invention des roues dentées est de la plus haute antiquité, et se perd dans les temps les plus reculés. Aristote, qui vivait 350 ans avant J. C., rapporte au levier, le tour, les mouffles, les roues dentées et le coin; on attribue cependant cette invention à Archimède, mathématicien de Syracuse, qui vivait 250 ans avant J. C., et qui se rendit célèbre par un grand nombre d'inventions utiles, entre autres par sa sphère mouvante qui montrait le mouvement du soleil, de la lune, et des cinq planètes. Il employa nécessairement des roues dentées dans l'exécution de cette machine, dont le moteur n'était pas connu; on croyait que c'était un esprit ou un ange qui la faisait mouvoir: cette machine date de plus de 200 ans avant J. C. Claudien en a donné la description en vers latins; en voici la traduction tirée de l'*Histoire de la mesure du temps*, par F. Berthoud.

Jupiter ayant vu la fragile machine
Qui fait mouvoir les cieux sous une glace fine,
Dit aux Dieux en riant: Un vieux Syracusain
A tâché d'imiter l'ouvrage de ma main!
Des décrets éternels de cet ordre immuable
Qui régit l'univers par un art admirable,
Archimède prétend contrefaire les lois.
Un esprit qui conduit mille astres à la fois,
Enfermé dans le sein d'un nouvel édifice,
Règle leur mouvement, en soutient l'artifice.
Dans ce monde apparent, le soleil j'aperçois
Chaque an finir son cours, la lune chaque mois.
Ce mortel enivré de l'ardeur qui l'inspire,
Les voit avec plaisir soumis à son empire.
Du fils d'Eole en vain ai-je détruit les feux:
Un autre veut encor se comparer aux Dieux.

Archimède périt victime de la férocité d'un des soldats de Marcellus, à la prise de Syracuse, 208 ou 212 ans avant J. C. Il était occupé à quelque démonstration de géométrie. Ce soldat entre chez Archimède, lui demande son nom; il ne répond rien, et lui fait signe de ne pas l'interrompre: ce brutal l'assassine!..... Cependant Marcellus avait expressément ordonné qu'on l'épargnât.

Vitruve, dans son *Architecture*, parle des roues dentées employées dans plusieurs machines, dans l'horloge de Ctésibius, dans la machine à élever l'eau, dans le moulin à moudre, dans le compte pas et dans la baliste, et il parle de cette invention des roues dentées comme étant celle des anciens. Selon Vitruve,

Aristarque inventa l'horloge appelée *scaphé*, qui était sans doute un cadran solaire : c'était un segment de sphère avec un style qui marquait les heures.

Ctésibius, natif d'Alexandrie, vivait 140 ans avant J. C.; il se rendit célèbre par plusieurs ouvrages, entre autres par sa clepsydre à roues dentées, qui donnait le mouvement annuel, et marquait les mois; une colonne tournait sur son piedestal en une année; douze lignes verticales marquaient les mois, et des lignes horizontales marquaient les heures. Un enfant placé à droite de la colonne, avec une baguette, montrait les heures, les jours et les mois. Il était placé sur un morceau de liége que l'eau faisait monter; un autre enfant placé à gauche laissait tomber goûte à goûte l'eau de la clepsydre, nécessaire à son mouvement.

Possidonius, astronome grec qui vivait du temps de Cicéron, inventa une sphère mouvante dont les mouvemens répondaient à ceux du soleil, de la lune, et des cinq planètes; c'était, selon l'opinion de Derham, une pièce mécanique d'horlogerie, et non une clepsydre. Possidonius né à Apamée en Syrie, vint s'établir à Rhodes.

En 490 (1) Théodoric, roi des Goths, envoya à Gondebauld, roi de Bourgogne, deux horloges : l'une solaire, pour le jour, l'autre hydraulique pour la nuit; elles marquaient le cours annuel du soleil. On les attribuait à Cassiodore; mais elles étaient de Boëce (2), à qui Théodoric les avaient commandées. Il lui dit dans sa lettre : « *Je veux que vous soyez connu* » *chez les peuples où vous ne pouvez aller, et qu'ils sachent* » *que nous avons des hommes d'une naissance distinguée,* » *qui valent bien les écrivains anciens dont on admire les* « *ouvrages.* »

L'an 721 (3) Y-Hang, célèbre astronome chinois, fit construire

(1) *Traité* du P. Jacques Alexandre, page 12.

(2) *Hist. de l'astr. mod.* tome I, page 207. (3) *Id.* tome I, page 691.

une horloge dont l'eau faisait mouvoir les roues; elle marquait les mouvemens du soleil, de la lune et des cinq planètes, les conjonctions, les oppositions, les éclipses du soleil et de la lune, les occultations des étoiles et des autres planètes, et la grandeur des jours et des nuits pour Si-gan-fou.

Le calife Haroun al-Rachid (1) envoya en 809 à Charlemagne plusieurs présens, parmi lesquels était une horloge de laiton d'une exécution admirable, mue par une clepsydre : elle marquait les douze heures; douze portes s'ouvraient pour donner passage à autant de cavaliers; elle faisait mouvoir encore d'autres figures, et des balles d'airain tombaient sur un timbre pour sonner les heures : cette sonnerie indiquait seulement qu'une heure était écoulée; car, à chaque heure, il ne tombait qu'une balle sur le timbre.

On ne peut douter que ces différentes horloges, ainsi que les sphères d'Archimède et de Possidonius, n'aient eu des roues dentées, et l'eau pour force motrice; car rien ne prouve qu'on ait seulement employé un poids pour faire mouvoir ces différentes machines; elles n'avaient pas même un échappement, pour modérer la vitesse des rouages; l'eau employée comme force motrice devait nécessairement perdre de sa fluidité par les changemens de température, surtout en hiver lorsqu'elle était près de se congeler. Elle devait aussi s'épaissir par l'action de l'air, par la poussière et les particules étrangères qui, s'y mêlant, changeaient la durée des révolutions de ces machines.

Il fallut donc trouver un autre moteur, ce fut le poids; mais, pour modérer l'action du poids sur le rouage, il fallut inventer l'échappement, dont l'effet est de suspendre à chaque instant cette action du moteur sur le rouage, et de donner au balancier un mouvement alternatif qu'on nomme vibration. On ne connaît pas l'auteur de ces belles inventions, il mériterait les plus grands éloges.

(1) *Hist. de l'astr. mod.* tome I, page 219.

Le père Alexandre les attribue à Pacificus, archidiacre de Vérone, qui vivait en 850 du temps de Lothaire, fils de Louis-le-Débonnaire; d'autres en font honneur à Gerbert, moine d'Aurillac, qui fut pape sous le nom de Sylvestre II en 999, et fut célèbre par ses connaissances mécaniques et astronomiques. Gerbert fit en 1003 une fameuse horloge à Magdebourg; mais on pense que c'était un cadran solaire, et nous avons vu que les anciens donnaient aux cadrans le nom d'horloges. Selon Berthoud ni l'un ni l'autre ne fut l'auteur des horloges à balancier : il allègue pour raison que, dans le monastère de Cluny, où saint Hugues est mort en 1108, le sacristain sortait la nuit pour voir les astres et réveiller les religieux pour l'office, et qu'ils n'avaient pas même de clepsydres.

Les roues dentées étant connues, on fit une horloge à balancier, mue par un poids; cette merveille fut placée au haut d'une tour, afin qu'elle pût servir à tous les habitans. Plus tard on y ajouta la sonnerie; alors pendant la nuit on pouvait savoir l'heure au moyen du nombre de coups que frappait un marteau sur une cloche : cette invention parut si merveilleuse qu'on ne voulut pas y croire, et l'on mit des gardes pour s'assurer que c'était bien l'horloge qui sonnait sans le secours de personne.

Bailly, dans son *Histoire de l'astronomie moderne,* tome I, page 321, rapporte que jusqu'au IXe siècle on n'eut d'horloges à roues que celles qui étaient venues de l'orient; encore étaient-ce des clepsydres. Pacificus, archidiacre de Vérone, mort en 846 (1), est le premier qui ait fait une horloge à roues mues par un poids sans le secours de l'eau; il paraît être l'inventeur de l'échappement, mécanique ingénieuse où il employa l'inertie d'un balancier, afin de retarder et de régler le

(1) Il est difficile de concilier les différentes dates de sa mort : le père Alexandre dit que Pacificus vivait en 850 ; selon Bailly il est mort en 846; suivant M. Janvier, *Manuel chronométrique*, 1821, page 75, c'est en 849.

mouvement ou la vitesse des roues : cet échappement était celui à roue de rencontre, le balancier était horizontal.

Cependant les plus anciennes horloges dont l'histoire fasse mention sont celles qui ont paru au XIVe siècle. Richard Walingfort, abbé de Saint-Alban en Angleterre, qui vivait en 1326, fit une horloge qui, selon le témoignage de Gesner, n'avait pas sa pareille dans toute l'Europe.

Vers l'an 1350 (1) Jean de Dondis, médecin et astronome de Padoue, s'acquit une grande réputation par une horloge qui marquait l'heure, le jour, le mois, les fêtes de l'année, le cours du soleil, de la lune et des planètes. Régiomontanus fit beaucoup d'éloges de ce planétaire qui mérita à son auteur le surnom d'*Horologius*, que sa famille a conservé.

Charles V, dit le Sage, roi de France, fit construire à Paris la première grosse horloge par Henry de Vic qu'il fit venir d'Allemagne, et la fit placer sur la tour de son palais vers 1370 : cette horloge était à poids, à échappement et à balancier; mais le balancier n'était point un cercle comme on les emploie aujourd'hui dans les montres; c'était une lame de fer posée sur champ, et fixée sur l'axe de la verge. Cette lame avait à ses extrémités de profondes entailles en forme de dents, et dans ces entailles on suspendait des poids qui vibraient avec le balancier; on les approchait de l'axe pour faire avancer l'horloge, et en les éloignant on la faisait retarder. Cet appareil se nommait *foliot*, et les poids, *régules*, parce qu'ils servaient à régler l'horloge.

En 1382 le duc de Bourgogne, Philippe-le-Hardi, fit enlever de la ville de Courtrai une horloge sonnant les heures; c'était l'une des plus belles qu'on connût alors; il la fit amener à Dijon où elle est encore sur la tour de Notre-Dame.

Toutes les horloges de ce temps n'étaient que de pures curiosités; mais on chercha par la suite à leur donner la régularité

(1) *Hist. de l'astr. mod.* tome I. page 680.

nécessaire aux observations astronomiques. Régiomontanus, astronome célèbre et mécanicien, fit avec Walthérus son disciple des additions à la fameuse horloge de Nuremberg : Walthérus est le premier qui fit usage d'une horloge à poids pour mesurer le temps dans ses observations astronomiques ; son horloge était tellement réglée qu'elle donnait exactement l'heure, et que d'un midi à l'autre elle se retrouvait parfaitement d'accord avec le soleil (1). « C'est en 1484 qu'il fit ses premières obser-
» vations. Il aperçut un jour Mercure dans l'horizon ; il sus-
» pendit de suite le poids à son horloge, laquelle avait une roue
» horaire de 56 dents ; elle fit une révolution entière, et il passa
» 25 dents de plus avant le lever du soleil. Walthérus conclut
» que Mercure s'était levé 1 heure 37′ avant cet astre : » Voilà la première fois qu'il est question d'un poids appliqué à l'horloge, et cette application paraît appartenir à Walthérus. Ces premières horloges furent faites à Nuremberg.

Gemma Frisius, médecin hollandais, imagina en 1530 l'anneau astronomique ; il fut le premier qui proposa la mesure du temps par les horloges pour trouver les longitudes en mer, il proposa aussi les mouvemens de la lune pour cette détermination.

Juste Birge (2), né en Suisse en 1552, paraît avoir eu des talens distingués : il eut la plus grande réputation pour la construction des instrumens, il inventa le compas de proportion. Kepler lui attribue la découverte des logarithmes ; mais Juste Birge était si peu curieux de gloire, que sa découverte n'a jamais vu le jour. Becker lui fait honneur de la découverte du pendule et de son application aux horloges ; cette assertion paraît sans vraisemblance, et Birge mériterait moins d'éloges d'avoir atteint cette invention, que de blâme de l'avoir laissé périr sans fruit et sans publicité.

En 1560 Tycho-Brahé, célèbre astronome, possédait trois ou

(1) *Hist. de l'astr. mod.* tom. I, page 690.

(2) *Hist. de l'astr. mod.* tome I, page 372.

quatre horloges marquant les heures, minutes et secondes; la plus grande n'avait que trois roues, dont la première avait trois pieds de diamètre et 1,200 dents; il remarquait qu'elles étaient sujettes à varier par les changemens de l'atmosphère et des vents.

Conrad Dasypodius, mathématicien célèbre, fit en 1570 le dessin de la fameuse horloge de Strasbourg, qui fut exécutée par Isaac Habreckt, continuée par son fils Abraham, et achevée en 1574 par son petit-fils Isaac Habreckt. Cette horloge, qui était une merveille de ce temps, est en partie détruite; elle serait encore appréciée de nos jours, si la ville consentait à la faire réparer.

En 1577, Moëstlin (1) fut le premier qui fit usage des battemens, ou vibrations d'une horloge, pour mesurer de petits intervalles célestes; c'est par ce moyen qu'il mesura cette année le diamètre du soleil. Son horloge battait 2,528 coups ou vibrations par heure: 146 vibrations s'écoulèrent pendant le passage du soleil, et il en conclut le diamètre de 34′ 13″. Le célèbre Kepler étudia les mathématiques et l'astronomie sous Moëstlin à Tubinge, en 1589.

C'est vers le quatorzième siècle, comme nous l'avons vu, que les horloges à poids à échappement, et par conséquent à balancier, furent inventées; mais ces horloges étaient d'un trop grand volume pour l'usage des appartemens: il fallut les réduire; et le balancier, au lieu d'être horizontal et à poids, devint vertical, et fut formé tel qu'on le voit aujourd'hui.

Si l'on reconnut l'utilité d'avoir chez soi des horloges, il devint encore plus utile de les rendre portatives; il fallut donc chercher les moyens de les réduire encore au point de pouvoir les porter dans sa poche, et l'on construisit des horloges portatives qui furent appelées montres. Elles parurent vers le commencement du XVIe siècle: le balancier, régulateur des horloges, étant connu,

(1) *Hist. de l'astr. mod.* tome I, page 725.

il fut facile de l'appliquer à ces montres; mais le poids, moteur des horloges, ne pouvait plus être employé; il fallut chercher une autre force motrice, et on inventa le ressort plié en spirale, qui, étant enfermé dans un barillet ou tambour, est accroché par son centre à l'arbre qui sert à le remonter; l'autre bout de ce ressort est accroché aux parois intérieurs de ce même barillet qui est fixé à la platine avec des vis; il agissait en se débandant sur la première roue du rouage qui transmettait sa puissance jusqu'à l'échappement, et l'on donnait au balancier un plus grand nombre de vibrations qu'on en faisait faire aux horloges d'appartemens. L'auteur de cette merveilleuse invention est absolument inconnu; cependant on croit que les anciens en ont eu connaissance. Vitruve, dans son *Architecture,* livre X, chapitre I, parle d'un instrument appelé *anisocycle;* Perrault suppose que c'est le ressort spiral, et Berthoud partage la même opinion. Quoi qu'il en soit, l'auteur de cette puissance motrice inventa une des premières merveilles de l'art de mesurer le temps : on ne connaissait pas à cette époque d'autre échappement que celui à roue de rencontre, et c'est celui qu'on employa pour les montres; mais cet échappement, comme tous ceux dont nous parlerons, ne corrigeait pas les inégalités de la force motrice. On remarqua que, lorsque la montre était remontée tout au haut, elle avançait; qu'elle marchait à peu près juste vers le milieu de son ressort, et que sur la fin elle retardait. On chercha donc à corriger cette inégalité par une courbe en forme de limaçon, sur laquelle appuyait un ressort droit qui frottait sur cette courbe, et opposait une résistance d'autant plus forte qu'il pressait sur la courbe à l'endroit de son plus grand diamètre, lorsque le ressort moteur était remonté tout au haut; il n'appuyait plus aussi fortement, à mesure que ses diamètres diminuaient, et lorsque le ressort moteur était près d'être au bas, le ressort droit appuyait à peine sur la courbe ou limaçon : cette machine appelée *staack freed* (nom anglais) désigne assez que c'est en Angleterre qu'elle fut inventée; ce moyen assez ingénieux ne fut pas employé très longtemps. Un homme de génie parut, et la fusée fut inventée. Ce nom qui serait célèbre dans l'art de la mesure du temps est aussi absolument inconnu; c'est cependant la plus ingénieuse invention, et, selon Julien Le Roy, l'une des plus belles conceptions de l'esprit humain. C'est vers la fin du XVIe siècle qu'elle fut appliquée aux montres.

La fusée est à peu près de la forme d'une cloche; une rainure, taillée en hélice de la base à son sommet, est destinée à contenir une corde à boyau attachée d'un bout à la base de la fusée, et de l'autre au barillet. Lorsqu'on remonte la montre, la corde se loge sur la base de la fusée qui est son plus grand diamètre; le ressort commençant à se tendre, déploie alors peu de force; mais à mesure qu'on remonte la montre, le ressort s'arme de plus en plus, sa force augmente, et les diamètres de la fusée diminuent dans la même proportion; de sorte que le ressort étant tout au haut agit avec toute son énergie sur le plus petit diamètre ou levier de la fusée; et à mesure qu'il se débande, sa force diminue; mais aussi les diamètres de la fusée augmentent, et la force motrice se trouve par ce moyen égalisée. Plus tard, on imagina le levier à égaliser les fusées; avec cet instrument on parvient à la plus parfaite égalité de force motrice, en retaillant et renfonçant les tours qui enlèvent trop facilement ce levier. La corde à boyau offrait de grands inconvéniens, elle changeait de longueur par les temps de sécheresse et d'humidité, et finissait par se rompre, il fallait la remplacer : on imagina la chaîne d'acier qu'on emploie actuellement dans toutes les montres ordinaires. Quel est l'homme de génie qui a imaginé cette autre merveille? il est inconnu... (1). Quelle patience et quelle

(1) Dans l'ouvrage intitulé les *Jurassiens recommandables*, par D. Monnier, l'auteur cite un membre de la famille Gruet de Septmoncel, qui, à la fin du XVIIe siècle, substitua le premier, dans les montres de poche, la chaîne à la corde à boyau; nous ne savons sur quoi l'auteur appuie ce fondement.

intelligence il a fallu pour inventer et exécuter à la main, et sans le secours d'aucune machine, ce petit chef-d'œuvre composé de près de 500 pièces, qu'on appelle paillons, assemblés par plus de 250 chevilles de la grosseur d'un cheveu! chacune de ces chevilles ou goupilles traverse trois paillons. Les deux bouts de cette chaîne sont terminés par deux petits crochets, dont l'un s'accroche à la fusée, et l'autre au barillet. Ces chaînes se font actuellement avec des emporte-pièces qui, d'un seul coup, taillent plusieurs de ces paillons avec les deux trous percés. Des femmes les assemblent au moyen de goupilles. Ces chaînes étant bien faites peuvent durer vingt ou trente ans, sans se rompre, et elles offrent l'avantage d'être raccommodées facilement.

Tandis que les montres se perfectionnaient par l'ingénieuse invention de la fusée, qui contribuait déjà à leur donner l'uniformité de force motrice, et par conséquent une marche plus régulière, les horloges acquirent par la découverte du pendule une marche plus exacte, et une régularité plus grande que par le balancier. Cette découverte est due à l'immortel Galilée, vers la fin du 16e siècle; c'est le hasard qui l'a produite.

Galilée (1) considérant un jour les oscillations d'une lampe suspendue à une voûte, remarqua qu'elles étaient sensiblement isochrones, ou d'égale durée : il réitéra ses expériences sur des pendules plus courts, et il s'aperçut que les oscillations étaient d'autant plus promptes que le pendule était plus court. Il fit sûrement usage du pendule, pour arriver à la connaissance des lois de l'accélération de la chute des corps dont on lui dut plus tard la découverte. Galilée fut victime de l'ignorance de son siècle pour avoir soutenu que la terre tournait; il passa trois ans dans les prisons de l'inquisition; sept cardinaux le jugèrent et prononcèrent contre lui, le 22 juin 1633, un arrêt de rétractation qu'il fut forcé de signer à genoux, à l'âge de soixante-dix ans. Cet arrêt portait plus contre la vérité

(1) *Hist. de l'astr. mod.* tom. II. page 82.

que contre ce grand homme; il ne dut sa liberté qu'en se rétractant; mais il ne put s'empêcher de dire en frappant du pied sur la terre... « Cependant elle tourne... » *E pur si muove.*

L'astronomie lui doit encore plusieurs belles découvertes : celle des quatre satellites de Jupiter, qu'il fit le 11 janvier 1610, à l'aide du télescope qu'il perfectionna; il proposa dans la suite les éclipses de ces satellites pour déterminer les longitudes en mer. Galilée avait assez de gloire; celle de faire l'application du pendule aux horloges était réservée à un autre génie.

Né à Pise en 1564, Galilée mourut en 1642. Dans un ouvrage intitulé l'*Usage du cadran, ou de l'horloge physique universelle*, il explique les propriétés du pendule, le moyen de le faire aller plus vite ou plus lentement; pour rendre les vibrations d'un pendule plus lentes de moitié, il faut que le pendule soit quatre fois plus long, etc.

Vincent Galilée, son fils, paraît avoir appliqué le pendule à l'horloge; les témoignages qui l'attestent sont très positifs; mais n'ayant été ni publiée ni suivie, cette découverte a été inutile.

Avant qu'on eût fait l'application du pendule aux horloges, les astronomes se sont servis long-temps du pendule simple pour mesurer avec plus d'exactitude le temps de leurs observations. Selon Sturmius, Riccioli est le premier qui se soit servi du pendule simple pour mesurer le temps; après lui Langrenus Vendelin, Mersenne, Kircher, et plusieurs autres l'ont mis en usage.

Si le siècle de Louis XIV est célèbre dans la littérature, il ne l'est pas moins dans l'art de l'horlogerie; c'est à cette époque qu'on vit paraître sur la scène du monde savant, les Picard, les Huygens, les Hook, l'abbé d'Hautefeuille, Leibnitz, De Baufre, Henry Sully, Julien Le Roy, et beaucoup d'autres artistes célèbres de différentes nations, qui tous ont contribué à la perfection de cet art. C'est de ce temps que datent les plus brillantes découvertes, et les plus ingénieuses inventions; l'application du pendule aux horloges, l'invention du ressort droit réglant, puis du ressort spiral; l'art de percer les rubis pour y introduire les pivots des balanciers, les roues d'échappement, et les autres roues des montres et des pendules, les rouleaux dont on s'est avantageusement servi pour réduire les frottemens des pivots des balanciers de montres marines, et d'autres grandes machines auxquelles on les a adaptés, en les nommant rouleaux de frictions, etc. etc.

Christian Huygens, le plus célèbre mécanicien, et l'un des plus profonds géomètres du 17e siècle, naquit à La Haye, le 14 avril 1629. Nous avons vu que, vers la fin du 16e siècle, Galilée fit la découverte du pendule; il en explique les propriétés dans son ouvrage intitulé : l'*Usage du cadran, ou de l'horloge physique universelle.* Huygens eut peut-être connaissance de cet ouvrage, et dix-sept ans après, en 1656, il eut l'idée d'appliquer aux horloges le véritable régulateur qui existe dans la nature, le pendule, dont les oscillations sont régulières et isochrones, surtout dans les petits arcs; il en sentit même la possibilité (1). Huygens n'avait alors que vingt-sept ans; pour un homme supérieur, et qui est dans la force de l'âge et du génie, la possibilité de l'invention est l'invention même. Il emprunta l'idée des palettes du balancier; il appliqua ces palettes à l'extrémité supérieure du pendule; il les fit engrener dans les dents de la roue de rencontre; le mouvement de cette roue se conforme à celui du pendule; une dent échappe à chaque vibration, et, comme les vibrations sont toujours égales, la marche de la roue est toujours uniforme.

Huygens présenta sa première horloge à pendule aux états de Hollande, le 16 juin 1657, et en 1658 il en publia le mécanisme dans un écrit particulier; dès l'année 1662, il y eut en Angleterre des horloges à pendule, exécutées d'après celles d'Huygens; et toutes ces horloges d'appartement furent

(1) *Hist. de l'astr. mod.* tome II, page 259.

appelées pendules, nom qu'elles ont conservé de nos jours.

Enfin dans son traité des horloges à pendule, *Horologium oscillatorium*, il donne la description complète du mécanisme de son horloge, il établit la longueur du pendule simple, qui bat les secondes à 3 pieds 8 lignes et demie, il donne la théorie du pendule, celle des centres d'oscillations, etc.

De toutes les belles et profondes recherches d'Huygens, relatives à la mesure du temps, celle qui lui assure une éternelle renommée, est la théorie de la Cycloïde; cette double courbe, placée vers le point de suspension du pendule, était destinée à raccourcir le fil de suspension dans les grands arcs, et à les rendre égaux en durée aux petits, ou bien à rendre d'égale durée tous les arcs inégaux que le pendule peut décrire; la cycloïde ne pouvait servir que pour l'échappement à roue de rencontre, le seul connu à cette époque, et qui faisait décrire de très grands arcs aux pendules. Cette découverte était plus belle en théorie qu'en pratique; car cette courbe était fort difficile à bien faire. Cependant Huygens y réussit : il appliqua donc à son horloge ses deux lames cycloïdales; le fil de suspension passait entre ces deux lames, et son pendule étant suspendu à ce double fil, le centre d'oscillation se trouvait plus rapproché du point de suspension, dans les grands arcs que lorsqu'il passait dans la verticale; le pendule descendait et remontait en oscillant le long de cette courbe; le fil s'appuyant continuellement contre elle, était raccourci d'autant plus, que les arcs étaient plus grands.

Cette invention, belle en théorie, fut de peu d'utilité en pratique; elle était inutile dans une horloge à poids, dont la force motrice est à peu près constante; elle était mieux employée dans les pendules d'appartement dont la force motrice est un ressort, et dont l'action est inégale et variable; car, lorsque le ressort est monté au haut, il agit sur le rouage avec plus de force et d'énergie; et alors les arcs sont plus grands et de plus longue durée. Mais si le fil de suspension, se pliant contre les lames cycloïdales, raccourcissait le pendule et accélérait ses vibrations, le contraire arrivait quand le ressort était au bas; les oscillations étant plus courtes, c'est-à-dire ayant moins d'étendue, le pendule et le fil de suspension conservait toute sa longueur, de sorte que les oscillations décrites par le pendule dans les grands arcs, étaient d'égale durée aux oscillations décrites par le pendule dans les petits arcs; la cycloïde contribuait donc à l'isochronisme des vibrations. On voit encore cette cycloïde à la plupart des anciennes pendules d'appartement; elle fut abandonnée lors de l'invention de l'échappement à ancre, destiné à faire décrire de petits arcs aux pendules, et l'on a reconnu de notre temps que les petits arcs sont plus isochrones entre eux que les grands; c'est l'inverse au balancier, les grands arcs sont plus isochrones entre eux que les petits.

Huygens ne se borna pas à enrichir l'horlogerie de l'application du pendule à l'horloge, et de la savante théorie de la cycloïde, il chercha l'un des premiers les moyens de procurer à la navigation une horloge propre à déterminer les longitudes en mer; et dès 1660 il composa son horloge marine à pendule, qui fut éprouvée en mer en 1664. Cette horloge était mue par un ressort, renfermé dans un barillet; son pendule avait 9 pouces de long, et le poids représentant sa lentille pesait 4 onces et demie. Cette machine était renfermée dans une boîte de quatre pieds de haut, et au bas de laquelle était fixé un poids de plus de cent livres, afin de la tenir constamment dans la situation verticale, malgré les agitations du navire. La suspension de toute cette machine était un chassis carré; deux faces portaient des pivots roulant dans deux pièces en fer, attachées au plafond; et sur les deux autres faces de ce carré, l'horloge était suspendue par deux pivots. C'était la suspension de Cardan, l'échappement était celui à roue de rencontre, le seul connu; il était à remontoir, et c'est le premier qui ait été construit; il agissait toutes les demi-secondes en remontant un poids attaché à la roue de rencontre, et lui communiquait le mouvement; le rouage ne servait donc qu'à remonter ce poids qui était le moteur de l'échappement, et cette puissance motrice était nécessairement constante. Afin que les agitations du vaisseau ne lui imprimassent pas un mouvement circulaire, le pendule était un triangle équilatéral vibrant, formé de trois fils. C'est au sommet d'un de ses angles que la lentille était placée; la base était parallèle à l'horizon, et acrochée par ses deux angles à des fils qui se déployaient contre deux cycloïdes doubles, c'est-à-dire quatre lames cycloïdales; de petites lentilles placées sur les deux côtés des triangles servaient à régler l'horloge au plus près, en les remontant ou en les descendant. Ce pendule était mis en mouvement par la fourchette de la verge, dont les palettes engrenaient dans les dents de la roue de rencontre.

Le major Holmes, ami d'Huygens, fut en 1664 chargé d'observer deux de ces horloges. Embarquées sur des vaisseaux, elles servirent à les diriger depuis leur départ jusqu'à l'île St.-Thomas, et à fixer la longitude de l'île de Fuego. A son retour le major Holmes rendit un compte favorable de ces horloges.

Huygens construisit une autre horloge, en employant le pendule circulaire découvert par Hook (1). La force centrifuge, dit Berthoud, combinée avec celle de la pesanteur, donne naissance à un genre d'oscillation, qu'Huygens examine dans son traité.

Un poids étant suspendu à un fil, au lieu de lui donner un mouvement d'oscillation dans un plan vertical, comme aux pendules, on le fait tourner circulairement, de sorte que le fil décrit un cône, et le poids décrit un cercle. Ce poids a deux directions contraires : l'une est la pesanteur qui tend à le ramener à la verticale, l'autre est la force centrifuge, qui tend à l'en écarter. Cette horloge est d'une exécution plus facile et plus simple que la première; les secondes sont marquées d'un

(1) *Hist. de la mesure du temps,* tome I, page 110.

mouvement uniforme, et non par secousse comme dans la première, et elle ne fait aucun bruit.

Huygens, à l'âge de 36 ans (1), c'est-à-dire en 1665, s'était acquis une telle réputation que Louis XIV, voulant fonder dans sa capitale une académie des Sciences, le fit inviter sous des conditions avantageuses à venir s'établir en France; il les accepta, et vint résider à Paris en 1666. Il fut un des principaux ornemens de l'académie royale des Sciences, dont il enrichit les registres d'écrits profonds. C'est à Paris, en 1673, qu'il publia son immortel ouvrage, *Horologium oscillatorium*.

Selon Leibnitz, ce fut en 1674 qu'on vit paraître dans le monde le premier ressort spiral réglant les montres par les vibrations; Huygens fit exécuter cette invention par Thuret, fameux horloger. Hook prétendit dans un écrit public avoir déjà fait auparavant une montre réglée par les vibrations d'un ressort; mais c'était un ressort droit, et non un ressort vibrant spiral. L'abbé de Hautefeuille intenta un procès au parlement de Paris à Huygens; mais il fut débouté. La montre d'Huygens était appelée à Pirouette, à cause de son échappement; la roue de rencontre était à la place de la roue de champ. La verge était parallèle à la petite platine, et portait à l'extrémité de sa tige une roue de champ, qui engrenait dans un pignon sur l'axe duquel était rivé le balancier, qui faisait plusieurs tours; le spiral était long, et les vibrations du balancier très lentes.

Huygens sentit toute l'importance de ses inventions pour la découverte des longitudes, tant sur terre que sur mer; mais on est étonné qu'il n'ait pas construit des montres marines, fondées sur ces principes.

On doit néanmoins le considérer comme le premier qui ait tenté le problème des longitudes, par le moyen de l'horlogerie.

(1) *Hist. des mathém.* tome II, page 382.

Huygens s'est encore rendu célèbre par son planétaire, le plus savant et le plus complet de ce temps ; il est décrit par M. Janvier, dans son ouvrage intitulé : *Révolution des corps célestes par le mécanisme des rouages.*

Lors de la révocation de l'édit de Nantes, Huygens ne put se résoudre à vivre davantage dans un pays, où sa religion allait être proscrite; il se retira dans sa patrie en 1681 ; il y mourut le 5 juin 1695, à l'âge de 66 ans.

Hévelius, pour calculer l'éclipse du 11 août 1654, se servit d'un pendule qui faisait 39 vibrations par minute.

Mouton, prêtre et astronome de Lyon (1), tenta de mesurer le diamètre du soleil en 1659 et 1661, par le temps que son globe met à traverser le méridien ; il obtint le nombre de minutes et de secondes de l'équateur, qui répondait au nombre de vibrations du pendule simple, et il en conclut que le diamètre du soleil est de 31′ 31″ ou 32″.

Le docteur Hook, l'un des plus célèbres physiciens et mécaniciens que l'Angleterre ait produit, fit en 1660 l'application d'un ressort droit au balancier des montres, pour en régler les vibrations. Derham, *page* 175, dit « que cette invention » date de 1658 ; que le savant docteur Hook en fut l'inventeur, » quoiqu'elle fût contestée par l'abbé de Hautefeuille ; il inventa » différentes manières de régulation, l'une par la pierre d'ai- » mant, l'autre par un ressort très délié et droit, dont un bout » était attaché au balancier, et l'autre à la platine, de sorte que » le balancier faisant ses vibrations était au ressort spiral » comme la lentille est au pendule (2). » Ce savant docteur inventa un échappement composé de deux balanciers pour les montres ; il pensait les rendre moins susceptibles des agitations qu'elles éprouvent en les portant. Une de ces montres fut pré-

(1) *Hist. de l'astr. mod.* tome II, page 233.

(2) On a voulu dire que le spiral est au balancier ce que la lentille est au pendule.

sentée au roi Charles II : on lisait sur la platine, Robert Hook *invenit* 1658, *Tompson fecit* 1675. Le roi goûta fort cette montre ; l'invention fut très accueillie et approuvée en Angleterre, et surtout en France ; car M. le Dauphin en fit faire deux par ce fameux artiste, M. Tompson. Ces montres ne furent en vogue que vers l'an 1675. Le docteur Hook obtint un privilége la même année, pour les deux espèces de montre, celle à ressort, et celle à deux balanciers.

L'échappement à deux balanciers était composé d'une roue à rochet, engrenant dans deux palettes de verge, qui avaient chacun leur axe particulier, la roue était entre ces deux axes ; au dessus de ces palettes étaient rivées des roues dentées, qui s'engrenaient l'une dans l'autre ; de sorte que, lorsque la roue opérait la levée sur une des palettes, celle-ci étant achevée, l'autre palette par le moyen de l'engrenage se présentait à la roue pour opérer une seconde levée, et ainsi de suite. Chaque axe portait son balancier ; cet échappement est très ancien, il est originaire d'Allemagne (1).

L'horlogerie doit encore à Hook d'autres découvertes : il est l'auteur de l'échappement à ancre, qu'il substitua très heureusement à l'ancien échappement à roue de rencontre. Derham dans son traité d'horlogerie, *page* 172, rapporte qu'Huygens fit usage des pendules à roue de rencontre pendant plusieurs années, qui se meuvent entre deux lames cycloïdales ; mais que Clément, horloger de Londres, inventa, à ce que dit M. Smith, la manière de les faire aller avec moins de poids, et avec une lentille plus pesante, pour faire les vibrations plus petites. Mais le docteur Hook nie à M. Clément l'invention de cette pièce pour se l'attribuer, assurant qu'il en avait fait exécuter une semblable, qu'il présenta à la société royale, peu de temps après l'embrasement de Londres.

L'invention du pendule circulaire appartient encore au doc-

(1) *Traité de Thiout*, planche XLIII, fig. 31.

teur Hook ; mais la théorie des oscillations isochrones de ce régulateur appartient à Huygens ; car, selon Montucla, Hook n'était pas assez profond géomètre pour des découvertes de cette nature.

Cet homme de génie, né à Freshvater le 16 juillet 1638, admis à la société royale en 1661, fut professeur d'astronomie au collége de Gresham, et mourut le 3 mars 1703 (1).

Le Père Alexandre, dans son traité des horloges, *page* 242, attribue à l'abbé de Hautefeuille l'invention du ressort droit appliqué au balancier pour régler les montres. « Depuis, » dit-il, que M. l'abbé de Hautefeuille a trouvé l'admirable se- » cret de modérer les vibrations du balancier des montres, par le » moyen d'un petit ressort d'acier, dont il fit part à MM. de » l'académie royale des Sciences en 1674, les montres où l'on » a employé ce petit ressort, ont été d'une telle justesse qu'on » les appelait montres à pendule, parce que leur marche ap- » prochait fort de la justesse des pendules. L'invention de M. de » Hautefeuille consistait en un petit ressort droit, qui était » attaché par une de ses extrémités sur la platine, et l'autre » bout gouvernait le balancier. » Ce ressort ne pouvait avoir pour longueur qu'environ le rayon de la platine.

Huygens a perfectionné cette invention, en donnant à ce ressort la figure spirale, lequel est attaché sur la platine par son bout extérieur, accompagné d'un petit rateau en coulisse qui le règle ; le bout intérieur du spiral est fixé à l'axe du balancier par une virole.

Il reste donc certain que le docteur Hook a fait, en 1660, l'application du ressort droit réglant aux balanciers des montres, et qu'Huygens lui a donné la figure spirale, en l'appliquant de même au balancier en 1674 ou 1675.

A cette époque, l'art de l'horlogerie fut donc en possession des deux plus brillantes découvertes, qui aient jamais été faites,

(1) *Hist. des mathém.* tome II, page 465.

celle de l'application du pendule aux horloges, et du ressort spiral aux balanciers des montres; elles ont contribué et contribueront à jamais à la perfection de cet art, soit pour donner aux astronomes et à leurs observations un temps égal et uniforme, soit pour donner aux navigateurs les longitudes sur mer, par la marche exacte des machines destinées à la mesure du temps.

Les montres acquirent depuis cette époque une grande justesse; elles montraient l'heure pendant le jour; mais on en était privé pendant la nuit, et l'on sait aujourd'hui combien est utile la répétition.

Un artiste célèbre de Londres, Barlow, imagina la répétition vers la fin du règne de Charles II en 1676, et l'appliqua d'abord aux pendules d'appartement. Le bruit que fit cette invention dans Londres intrigua tellement les horlogers, que beaucoup d'entre eux se mirent à tenter la même chose par des voies différentes; il s'éleva alors beaucoup de disputes, touchant l'auteur de cette invention; c'est vers la fin du règne de Jacques II, que Barlow l'appliqua aux montres portatives. Le célèbre Tompion de Londres exécuta cette montre selon ses idées, et il chercha de concert avec M. Allebonne à obtenir un privilége.

Depuis quelques années, Quarre, habile horloger de Londres, avait eu l'idée de la répétition; mais il n'y songeait plus: le privilége de Barlow réveilla ses idées, et il se mit à l'exécution de sa montre qui fut bientôt terminée. On conseilla à Quarre de s'opposer au privilége de Barlow : on s'adressa à la cour, et les deux montres de Barlow et de Quarre furent présentées au roi et à son conseil. Le roi les ayant éprouvées donna la préférence à celle de Quarre. Dans la répétition de Barlow, il fallait pousser deux pièces, l'une pour les heures, l'autre pour les quarts; ces pièces étaient de chaque côté de la boîte. Dans celle de Quarre, on poussait une cheville près du pendant, à peu près comme on le fait aujourd'hui, et les heures et les quarts répétaient. Le choix que le roi fit de la montre de Quarre, mit fin à toutes discussions.

Peu de temps après, cette invention fut connue en France, et les horlogers ne tardèrent pas à imiter ces montres; mais en 1728 Julien le Roy perfectionna ces machines, et exécuta pour Louis XV une pendule à sonnerie, répétant les heures et les quarts.

On perfectionna de plus en plus les montres à répétition, et l'on parvint à leur faire sonner les demi-quarts, et même les minutes; on fait aussi actuellement des montres sonnant l'heure et la demie; d'autres à grande sonnerie appelées à quatre parties, sonnant les heures et les quarts à chaque quart, répétition indépendante, à réveil, à quantième, etc.

Julien le Roy composa des répétitions sans rouage et sans ressort moteur. Un horloger des montagnes du Doubs, M. Boichard au Bélieu, fit aussi beaucoup de montres de cette espèce, qu'on appelait répétition à rateau; elles n'avaient ni rouage ni ressort, et sonnaient les heures par une pièce qu'on tirait le long de la bâte; on faisait sonner les quarts par une autre pièce placée plus bas, toujours le long de cette bâte; c'est vers la fin du siècle dernier, qu'on vit paraître plusieurs de ces pièces qui ne sont plus recherchées actuellement.

Vers la fin du 17e siècle, des artistes distingués firent marquer aux horloges et aux pendules l'équation du temps; plus tard on l'appliqua aux montres de poche. Ces deux inventions de la répétition et de l'équation du temps sont dues à des artistes anglais.

Une des plus anciennes horloges à équation, est celle de Charles II, roi d'Espagne; elle avait été faite à Londres, et existait dans son cabinet en 1699; elle était à poids, et marchait 400 jours. Elle avait pour régulateur un pendule à secondes. Depuis ce temps on a vu paraître un grand nombre de pendules à équation : celle de Lebon horloger à Paris, approuvée par l'académie des Sciences, date du 2 août 1717; celle de Julien le Roy, du 20 août 1717, fut présentée à l'académie royale des Sciences, et ensuite à M. le duc d'Orléans, qui désira voir le mécanisme de cet ouvrage; une autre pendule de ce genre, d'un curé de St.-Cyr, est du 30 novembre 1723, et deux de Thiout horloger de Paris, à la date du 25 avril 1724; plus tard on a vu d'autres constructions du mécanisme de l'équation par Enderlin, L'admiraud, Passemant, Rivaz, Berthoud, etc. Sully prétend être le premier qui ait appliqué l'équation à une montre de poche.

Picard, célèbre astronome du 17e siècle, est le premier qui ait observé les variations des horloges à pendule, par diverses températures.

Claude Perrault, mécanicien architecte, médecin, etc., né en 1613, fut membre de l'académie royale des Sciences de Paris. On lui doit la traduction de l'architecture de Vitruve avec des notes; cet ouvrage nous a conservé l'histoire des clepsydres, et des horloges solaires.

Il est auteur d'une horloge à pendule mue par l'eau; cette eau coule par un tuyau pratiqué au centre du réservoir, et tombe dans une espèce de caisse longue ayant à son milieu une séparation. La caisse est posée par son centre sur une suspension à couteaux. A l'un des deux couteaux prolongés, est fixée une fourchette qui conduit le pendule qui a sa suspension particulière; ce pendule étant mis en mouvement, l'eau tombe alternativement dans les deux côtés de cette caisse et en entretient les vibrations. L'autre couteau prolongé porte un cliquet qui, à toutes les deux vibrations du pendule, fait passer une dent à une roue qui conduit celles qui portent les aiguilles. Perrault s'est immortalisé par le péristyle du Louvre.

Richer, astronome distingué, observa le premier le raccourcissement du pendule sous l'équateur, et s'en servit pour déterminer la figure de la terre. Au mois d'octobre 1671 (1), Richer partit de Paris pour Cayenne, et y arriva le 2 avril 1672;

(1) *Astr. de Lalande*, art. 2121.

il trouva que le pendule qui battait les secondes à Paris devait être d'une ligne et quart plus court à Cayenne, puisque son horloge retardait de deux minutes par jour; il conclut de là que la lentille descend vers la terre avec moins de vitesse, et que la pesanteur de la lentille était moindre à Cayenne qu'à Paris.

Cette première expérience prouva que la terre tournait sur son axe, et qu'en vertu de la force centrifuge, les parties de la terre étaient plus relevées et plus exhaussées sous l'équateur, et enfin que sa figure devait être un sphéroïde aplati vers les pôles. Richer mourut à Paris en 1696.

Leibnitz dans une lettre insérée dans les *Transactions philosophiques* en 1675, tome X, page 285, propose un remontoir d'égalité propre à être adapté à une montre qu'il destinait à donner les longitudes en mer.

En 1677, Matthieu Compani, mécanicien, né dans le diocèse de Spolette, inventa la pendule muette, nommée ainsi parce que son mouvement ne fait aucun bruit. Berthoud croit que c'est le pendule circulaire ou à pirouette du docteur Hook. Il est très possible aussi que ce soit le pendule mu par une manivelle inventé à Rome et perfectionné par l'abbé Soumille; il y avait ajouté une lanterne au moyen de laquelle pendant la nuit l'heure paraissait peinte sur un drap blanc. Il inventa aussi le pendule double; mais ce qui contribua le plus à rendre célèbre ce mécanicien, ce fut son adresse à construire d'excellens télescopes, avec lesquels Cassini découvrit les deux plus voisins satellites de Saturne (1).

Roëmer, membre de l'académie des sciences de Paris, né à Arhus dans le Jutland en 1644, se rendit très habile dans les mathématiques et l'astronomie. Il composa cinq machines représentant divers mouvemens astronomiques : celle des Satellites de Jupiter; une autre, des satellites de Saturne; un planisphère pour les étoiles et les planètes; un planisphère pour

(1) *Dictionnaire des Artistes*, par l'abbé de Fonteuay, 1776.

les éclipses avec les nombres pour le mouvement des nœuds et de l'apogée (1). Roëmer imagina une roue qui, mue par un pignon conique marchant uniformément, reçoit de l'accélération en raison de l'inégalité des dents du pignon plus ou moins espacées; de sorte que les dents les plus larges de la roue se trouvant vis-à-vis la partie la plus large du pignon, la roue aura une accélération; l'inverse arrivera dans les endroits où les dents sont le plus rapprochées. Cette roue est propre à exprimer l'inégalité des planètes. Roëmer mourut en 1710.

L'application du pendule aux horloges fut la plus importante découverte pour les horloges fixes; ce pendule, au moyen du seul échappement alors connu, celui à roue de rencontre, décrivait de très grands arcs; il était nécessairement léger, puisqu'il était suspendu à un fil qui s'appuyait le long de la cycloïde; mais ces grands arcs diminuaient sensiblement d'étendue par les résistances des frottemens, la coagulation des huiles, etc., et l'horloge variait, malgré la belle théorie de la cycloïde, qui en pratique ne satisfaisait pas.

Clément, horloger de Londres, inventa vers 1680 l'échappement à rochet ou à ancre; cet échappement fait décrire de très petits arcs au pendule. Il y adapta une lentille plus pesante; de sorte que les oscillations de ce pendule libre devaient se conserver très long-temps; il y employa donc beaucoup moins de force motrice; la suspension qui, dans le pendule d'Huygens. était des fils de soie ou autres, n'était plus assez solide pour une lentille pesante; il est probable qu'il employa un ressort d'acier trempé, rendu assez flexible pour faciliter les oscillations, et assez fort pour soutenir le poids de la lentille.

Cet échappement à ancre décrivant de petits arcs ne fut connu en France qu'en 1695; le docteur Hook revendiqua cette invention, affirmant qu'en 1666 il avait montré à la société royale une horloge à pendule avec cet échappement;

(1) *Recueil des machines de l'Académie*, tome I, page 81.

Sully et Derham attribuent à Clément cette invention, ainsi que Schmit, qui rapporte qu'en Angleterre on lui a donné le nom de pendule royale, à cause de sa supériorité sur toutes les autres. Depuis ce temps la cycloïde, regardée comme inutile et nuisible, ne fut plus exécutée.

Le célèbre Tompion (1), horloger anglais à qui l'on doit l'exécution soignée des premières montres à répétition, et l'état florissant où l'horlogerie a été en Angleterre, inventa en 1695 le premier échappement à repos pour les montres. La roue d'échappement était taillée en rochet, elle était parallèle aux platines. L'axe du balancier portait une tranche cylindrique d'environ une ligne et demie de diamètre; une entaille était faite dans cette tranche dans le sens de l'axe du balancier, et y formait une palette qui se présentait à l'action de la roue d'échappement; la première dent ayant opéré la levée, en agissant sur l'entaille de cette tranche, la dent suivante tombait sur la circonférence de ce cylindre, et y faisait repos jusqu'à ce que le spiral ayant ramené le balancier, l'entaille se présentait à la dent qui faisait repos, et la repoussait pour faire repos un instant sur la partie du cylindre derrière la levée; et lorsque le spiral ramenait de nouveau le balancier en sens inverse, cette seconde dent opérait une seconde levée comme la première; il n'y avait donc qu'une vibration pour l'allée et venue du balancier; cet échappement avait du recul par la levée. MM. Paliard frères, excellens horlogers de Besançon, ont fait beaucoup de montres dans lesquelles cet échappement était adapté; mais au devant de l'entaille ils avaient réservé un talon qui formait levée comme le talon de la virgule; cet échappement avait alors deux levées et un seul recul.

Facio, très habile artiste de Genève, membre de la société royale, inventa en 1700 l'art de percer les rubis pour les pivots des balanciers et les roues des montres de prix. Il vint à

(1) *Hist. de la mesure du temps*, tome II, page 6.

Paris proposer son secret, et il ne fut pas accueilli des horlogers. Il passa en Angleterre, et trouva à Londres M. de Bauffre, horloger français qui y était établi, et qui l'aida dans ce travail. Ils construisirent ensemble une montre dont l'échappement était particulier ; Newton fit voir cette montre à Sully, et lui assura que depuis un mois qu'on la lui avait remise entre les mains pour l'éprouver, elle avait marché avec une extrême justesse.

Les pivots de la roue d'échappement et du balancier, roulaient dans des rubis percés. Les palettes du balancier étaient formées d'un demi-cylindre plan fait en diamant ; son diamètre était de deux lignes et demie environ, et son épaisseur de près d'une demi-ligne ; les coupes sur l'épaisseur du cylindre étaient faites en talus formant avec son plan un angle d'environ 45°. l'axe du balancier traversait ce demi-cylindre ; deux roues plates et à rochet portant le même nombre de dents, étaient fixées sur le même pignon qui était parallèle aux platines ; elles étaient éloignées l'une de l'autre d'une quantité suffisante pour opérer les levées sur ce demi-cylindre ; ces roues étaient rivées sur le pignon, de manière que les pointes des dents d'une des roues correspondaient au milieu de deux dents de l'autre roue : la première ayant opéré sa levée en glissant sur le plan incliné du demi-cylindre, la première dent de l'autre roue tombait sur la partie plate de ce demi-cylindre, et y faisait repos jusqu'à ce que le spiral ayant ramené le plan incliné à cette dent, elle produisît une seconde levée, et ainsi de suite.

Sully simplifia et perfectionna cet échappement en 1721 ; il n'employa qu'une seule roue et deux demi-cylindres ; il l'appliqua à sa pendule à levier et à sa montre marine ; il en expliqua les propriétés dans deux *Mémoires* qu'il lut à l'académie royale des Sciences en 1723 et 1724.

Nous ne pouvons passer ce nom célèbre dans l'histoire de la mesure du temps sans donner quelques détails sur les immortels ouvrages qu'il a construits.

Né en Angleterre en 1680 (1), Sully à peine sorti d'apprentissage de chez M. Greton, horloger de Londres, où il avait fait de grands progrès et acquis de la réputation, son génie naturellement porté aux grandes choses lui fit tourner ses vues vers la découverte des longitudes par l'horlogerie. Le chevalier Wren, célèbre mécanicien et architecte, à qui l'on doit la construction de l'église de Saint-Paul de Londres, et à qui Sully communiqua ses idées, le jugea propre à faire quelques tentatives utiles pour la mesure du temps en mer; il l'encouragea dans ses recherches, et le recommanda à M. le duc de Sommerset qui l'adressa à Newton pour s'expliquer avec lui sur ses vues. Il était alors âgé de vingt-trois ans; mais Sully n'exécuta point encore ses projets, il quitta l'Angleterre, et fut en Hollande en 1708 où il connut le célèbre Boërhaave; de là il passa à Vienne, où il fut connu du prince Eugène, et de M. le duc d'Aremberg qui devint son protecteur, et auquel il resta attaché jusqu'en 1715, époque à laquelle il accompagna ce prince en France. C'est à cette époque qu'il soutint à Paris l'inutilité de la cycloïde.

En 1711 il publia à Francfort-sur-le-Mein un petit ouvrage en français ayant pour titre: *Méthode pour régler les montres*; il publia à Paris en 1717 sa *Règle artificielle du temps* qui fut réimprimée en 1737 et augmentée de plusieurs *Mémoires* de Julien le Roy.

En 1718, le gouvernement établit à Versailles une manufacture d'horlogerie sous la direction de Sully qui avait amené de Londres environ soixante ouvriers; mais peu de temps après il fut obligé de quitter cette manufacture, et il en établit une autre sous la protection de M. le duc de Noailles. La première de ces manufactures dura deux ans; la seconde ne dura

(1) *Mémoire de Julien le Roy, suite de la Règle artificielle du temps*, par Sully, page 382, édition de 1737.

qu'un an ; mais elles excitèrent une grande émulation en procurant d'habiles ouvriers aux horlogers de Paris.

Ce fut dans ce temps que Sully exécuta ses horloges à longitudes et sa montre marine qui furent terminées en 1723. Au mois d'avril de cette année, il remit à l'académie royale des sciences un mémoire contenant les principes et la construction de sa pendule à levier ; et en juillet 1724 il lui présenta un second mémoire sur le même sujet.

Ces deux machines furent éprouvées à Bordeaux le 7 septembre 1726, mais elles n'eurent pas de succès; elles firent espérer qu'étant perfectionnées et rectifiées, elles deviendraient utiles aux navigateurs.

A son retour de Bordeaux, Henry Sully publia la *Description abrégée d'une horloge d'une nouvelle construction* pour la juste mesure du temps sur mer. Il y donne les principes qui servent de base à sa construction; son ingénieuse invention des rouleaux pour réduire les frottemens des pivots de son régulateur, et plusieurs expériences sur les ressorts spiraux réglant des montres à balancier, etc.

La pendule à levier de Sully n'a de remarquable que le régulateur et l'échappement qui est celui de de Baufre perfectionné comme il a été dit. La roue d'échappement est à rochet ; elle agit sur deux cercles qui ont chacun une tranche oblique en sens contraire, et inclinée sur l'axe d'environ 45 degrés ; lorsque la dent de la roue a opéré la levée en agissant sur le plan incliné du premier cercle supérieur, elle échappe ; tombe sur le second et y fait repos jusqu'à ce qu'elle rencontre le plan incliné de ce second cercle inférieur, et lui donne une impulsion en sens inverse de la première ; alors la dent suivante tombe sur le premier et y fait repos, jusqu'à ce que l'entaille ou plan incliné se présente pour continuer les vibrations. Sur l'extrémité supérieure de cet axe qui porte les deux cercles, est rivée une roue de champ qui engrène dans un pignon sur l'axe duquel est rivé le balancier qui est vertical. Chaque pivot tourne sur deux rouleaux de son invention : l'un des pivots du balancier est prolongé, il porte deux lames cycloïdales ; un levier placé horizontalement au dessous de cette cycloïde qui se meut avec le balancier, est monté sur des pivots tournant aussi sur deux rouleaux ; l'autre extrémité de ce levier porte un poids destiné à produire les vibrations. Un fil délié passe entre les deux lames cycloïdales ; il se trouve attaché au milieu de ce levier, et se développe contre une portion de cercle dont le centre sont les pivots ; de sorte que, lorsque le balancier vibre, ce fil s'applique alternativement contre les deux lames cycloïdales, se raccourcit, fait monter le levier qui, par l'effet du poids qui est à son extrémité, ramène le balancier, et lui fait décrire ses arcs de vibration. Ce levier, ce fil, et la cycloïde vibrante tiennent lieu du ressort spiral ; Sully remplaça plus tard ce fil par une chaîne de montre très déliée.

Cette pendule à levier, ou horloge marine, fut éprouvée le 7 septembre 1726 à Bordeaux sur la Garonne : elle retardait à terre de 5″ 38‴ par heure, et sur l'eau son retard était de 4″ 38‴ ; c'était une seconde de différence par heure, ou 24″ en 24 heures.

Pendant cette expérience qui dura plus de 7 heures et demie, on remarqua que les arcs de vibrations avaient changé depuis 30 jusqu'à 80 degrés ; ce qui causait nécessairement de grandes variations à cette machine, malgré les propriétés que Sully attribuait à ce levier, et sur lesquelles il fondait l'isochronisme des vibrations par les grands et les petits arcs.

Les travaux et les écrits de Sully (1) ont contribué puissamment à la perfection de l'horlogerie et à la découverte des longitudes en mer ; et s'il n'a pas conduit lui-même cette découverte au degré de perfection nécessaire, c'est qu'il manquait des connaissances physiques alors ignorées, et d'une perfection de main d'œuvre que de nouveaux instrumens ont portée à un très

(1) *Hist. de la mesure du temps*, tom. II, page 370.

haut degré de précision. Quoi qu'il en soit, on doit attribuer à Sully d'avoir fait les premiers pas vers cette belle découverte; et s'il eût existé de nos jours, il l'aurait disputée aux artistes qui l'ont amenée au point où nous la voyons, tant la nature l'avait doué d'un heureux génie, et des connaissances nécessaires pour en faire de justes applications.

Ce fut en octobre 1728 (dit Julien Le Roy) que les jours de l'un des plus habiles horlogers de l'Europe furent terminés, et dont les derniers furent encore employés aux moyens de perfectionner les horloges marines, et de tâcher de les rendre utiles à la navigation.

Sully mourut d'une fluxion de poitrine à l'âge de 48 ans.

Son illustre pasteur, M. le curé de Saint-Sulpice, ordonna son enterrement où les pompes funèbres furent amplement déployées; il le fit inhumer dans son église vis-à-vis les portes du sanctuaire du grand autel, et un peu à l'occident de la méridienne qu'il avait construite et sur laquelle il traçait les degrés des signes quelques jours avant sa mort.

Les recherches qui ont illustré en France ce célèbre artiste n'étaient pas ignorées en Angleterre; cependant on s'étonne que dans tout ce qui a été publié à Londres sur les travaux d'Harrisson, il ne soit pas fait mention de Sully : Harrisson a employé les rouleaux de Sully, sans dire où il a trouvé cette invention. Harrisson a passé en Angleterre pour avoir tout créé, et on a ravi à Sully la gloire qui lui était due : serait-ce parce qu'il s'est illustré en France ?

M. de Camus, gentilhomme Lorrain, dans son *Traité des forces mouvantes* publié en 1722, donne la description de plusieurs pendules, entre autres d'une à sonnerie allant un an; c'est la seconde qui ait été connue.

Dutertre, très habile horloger de Paris, imagina en 1724 un échappement à deux balanciers. Sur la tige de chaque balancier était rivée une roue dentée; ces deux roues s'engrenaient l'une dans l'autre; chaque balancier recevait tour à tour l'impulsion de la roue de levée. Il y avait deux roues d'échappement : l'une, qui était la roue d'arrêt, était plus grande que la seconde qui était celle de levée; cette roue d'arrêt faisait repos sur la tige de chaque balancier qui était entaillée à moitié de son diamètre. Lorsque la roue d'arrêt rencontrait l'entaille, elle échappait, et la roue de levée donnait l'impulsion au balancier, en frappant une palette fixée sur son axe; cette impulsion étant donnée à l'un des balanciers, la roue d'arrêt retombait sur l'axe de l'autre, et y faisait repos; le spiral ramenant l'entaille, la roue d'arrêt échappait, et celle de levée donnait l'impulsion au second balancier; il n'y avait qu'un seul spiral. Cet échappement a sûrement donné naissance à celui de Duplex, qui a aussi deux roues, mais qui n'agit que sur un seul balancier, par les mêmes moyens que nous venons de décrire. Dutertre a proposé en 1728 une horloge à deux pendules pour la marine (1), (c'est l'échappement à doubles palettes déjà décrit et inventé en Allemagne). Les axes de pendule portent chacun une palette mise en mouvement par une roue à rochet; sur chaque axe est fixée une roue, et ces deux roues engrènent ensemble. F. Berthoud attribue à Dutertre l'invention du premier échappement à vibrations libres et à détente; d'autres savans l'attribuent à Pierre Le Roy en 1748. Nous reviendrons sur cette invention lorsqu'il sera parlé de cet artiste.

Dès 1648 (2), on s'était aperçu que les métaux s'allongent par la chaleur, et se raccourcissent par le froid, et que ces effets de la température causaient des variations dans la marche de l'horloge à pendule; mais personne n'avait encore trouvé ni proposé un moyen pour corriger cet écart. Georges Graham, horloger anglais, s'en occuppa le premier : ce fut en 1715 qu'il fit cette découverte, et il en fit part à la société royale dans un mémoire imprimé dans les *Transactions philosophiques* en 1726; il employa le mercure dont la dilatabilité surpasse de

(1) *Recueil des machines de l'Académie*, tome V, page 79.

(2) *Hist. de la mesure du temps*, tome I, page 205.

beaucoup celle du fer ; il plaça au bas de son pendule un tube rempli de mercure, de sorte que la chaleur faisait remonter le mercure dans la même proportion que la chaleur allongeant la verge du pendule faisait descendre la lentille, et maintenait le centre d'oscillation toujours à la même distance du point de suspension. Dans ce même mémoire, Graham proposait, pour la correction des effets du chaud et du froid sur le pendule, d'employer, au lieu de mercure, deux métaux dont les dilatations diffèrent le plus, comme l'acier et le cuivre. Il ne fit pas d'expériences sur ces métaux ; mais peu de temps après, Jean Harrisson s'occupa avec succès du moyen proposé par Graham, et dans la suite Graham employa, dans ses horloges astronomiques, le pendule à compensation à neuf verges qu'on nomme en Angleterre pendule à Gril.

Vers le même temps, le célèbre Graham inventa l'échappement à repos pour les horloges astronomiques, et c'est encore aujourd'hui un des plus parfaits dont on puisse faire usage dans les machines exactes, surtout en faisant les levées de l'ancre en rubis.

Graham est encore l'inventeur de l'échappement à cylindre pour les montres, le seul actuellement en usage dans presque toutes les montres à la Lépine. Depuis qu'on a adopté les trous en rubis, on est parvenu à faire en rubis la partie sur laquelle agit la roue de cylindre. Cette pièce qui est un demi-cylindre creux, de 200 degrés, se nomme tuile, et s'incruste dans une monture d'acier qui porte le balancier ; on fait la roue en acier, on la trempe, et on la revient bleue ; il ne peut y avoir d'usure, ni de la roue, ni de la tuile ; les trous étant faits en rubis bien polis ne peuvent pas s'user, ni les pivots tournant dans ces mêmes trous ; de sorte que l'échappement ne peut pas être dérangé ; il nécessite peu d'huile tant aux trous qu'à l'échappement.

Cet échappement ne fut connu en France qu'en 1728 ; il fut cité dans le temps, comme corrigeant exactement l'inégalité de la force motrice ; mais on a remarqué que l'augmentation de force motrice faisait retarder la montre par la pression que la roue exerçait sur le cylindre, et retardait le mouvement du balancier surtout lorsqu'il était léger; le contraire arrivait par la diminution de force motrice. Aujourd'hui on emploie dans les montres à la Lépine des ressorts assez bien égalisés; le nombre de vibrations qu'on donne, est ordinairement de 18,000, au lieu de 15,000 à 16,000 qu'on employait autrefois; les balanciers sont suffisamment pesants, de sorte qu'on ne s'aperçoit presque pas du peu d'inégalité qu'il pourrait y avoir encore dans le moteur, et ces espèces de montres marchent avec beaucoup de régularité. Cet échappement est tellement connu que nous nous dispensons de le décrire, ainsi que celui des horloges astronomiques.

Cet ingénieux artiste a perfectionné l'instrument des passages si importans pour l'astronomie; il a construit en 1725 pour l'observatoire de Gréenvich un très grand secteur de 24 pieds, et il a perfectionné le quart de cercle mural dont Tycho-Brahé était l'inventeur. Il est aussi l'auteur du premier planétaire qui ait été construit en Angleterre, pour représenter le mouvement de la lune autour de la terre, et de la terre avec la lune autour du soleil : c'est vers 1720 que cette machine fut exécutée.

Pierre Le Roy, frère aîné de Julien Le Roy, a contribué de son temps à perfectionner la main d'œuvre de l'horlogerie; il inventa vers 1730 un échappement à repos pour les montres; il était formé d'un cône placé sur l'axe du balancier, sur lequel agissaient deux roues d'échappement fixées sur le même axe : il paraît que cet échappement a beaucoup d'analogie avec celui de de Baufre.

Gaudron, très habile horloger de Paris, est auteur d'une pendule à remontoir décrite dans la *Règle artificielle du temps* par Sully, édition de 1737 page 414. Cette pendule fut faite en 1717 pour M. le duc d'Orléans, régent du royaume; il en donna la description à la société des arts, le 19 mars 1730; elle fut plusieurs fois utile à M. Grandjean pour ses observations astronomiques.

Regnauld, horloger de Châlons, est un des premiers en France qui se soit occupé de la compensation du chaud et du froid dans le pendule; dans le *Traité d'horlogerie* de Thiout publié en 1741, Regnauld donna en 1733 la construction d'un pendule fondé sur la différente dilatation du cuivre et du fer.

Deparcieux proposa en 1739 plusieurs constructions de pendules composés, entre autres un à levier. Il est auteur d'un ouvrage sur la *Gnomonique* publié en 1741; fut un membre distingué de l'académie royale des Sciences.

Dom Jacques Alexandre, religieux bénédictin de la congrégation de Saint-Maur, a donné en 1734 un *Traité général des horloges*, dans lequel on trouve des nombres pour les révolutions des corps célestes calculés avec assez de précision.

Julien Le Roy, l'un des plus célèbres horlogers de Paris, naquit à Tours en 1686; il était ami et émule de Henry Sully; c'est à ces deux artistes que l'horlogerie française doit sa première réputation. La seconde édition qu'il donna de la *Règle artificielle du temps* de Sully, 1737, est augmentée d'un mémoire de Sully sur la partie historique des échappemens, d'un mémoire intéressant de Julien Le Roy sur les grosses horloges perfectionnées par cet artiste, et d'un autre pour servir à l'histoire de l'horlogerie, qui est particulièrement destiné à l'éloge de son ami Sully; ce mémoire est également honorable pour l'auteur qui loue son ami, et pour celui qui en est l'objet (1).

En 1717, Julien Le Roy présenta à l'académie royale des Sciences une pendule à équation de sa composition marquant le temps vrai, le lieu du soleil, et sa déclinaison (2). Une roue inclinée sur son axe de la quantité dont l'écliptique est in-

(1) *Hist. de la mesure du temps*, tome II, pag. 266.

(2) *Recueil des machines de l'Académie*, tome III, page 151.

cliné sur l'axe de la terre, fait sa révolution en 365 jours 4 h; cette roue est excentrique à son axe dans le même rapport que l'orbite du soleil l'est à l'axe de la terre qu'il représente; la circonférence de cette roue prise deux lignes au dessous de ses dents, égale l'excentricité du soleil. Un méridien mobile, portant l'image du soleil, tourne plus vite ou plus lentement suivant le rapport de l'excentricité établie par la construction entre l'axe et la roue; de sorte que le bout du méridien mobile glisse dans une rainure faite à la roue qui, quoique tournant également, produit une inégalité au méridien. Sa révolution s'effectue en 23 h. 56′ 4″. Ce mécanisme ingénieux dont je n'ai fait que donner une faible idée, démontre la manière dont le jour est composé, et donne l'équation par les causes qui la produisent. Cette invention a été perfectionnée de nos jours et employée dans plusieurs machines dont la savante description est donnée par son auteur dans le tome 2 de l'*Histoire de la mesure du temps* page 223, 228.

On doit à Julien Le Roy la suppression des secrets et ornemens inutiles des doubles boites, des timbres dans les montres à répétition, afin de les rendre plus plates et moins embarrassantes; il a perfectionné les horloges publiques en les rendant horizontales. Ce fut vers 1730 qu'il fit exécuter la première horloge de ce genre pour le Séminaire étranger.

Julien Le Roy construisit des horloges astronomiques très régulières en y appliquant une compensation de son invention qu'il présenta à l'académie des Sciences en 1738; elle consistait en un tuyau de cuivre qui s'élevait au dessus de la boite contenant le mouvement de l'horloge; une verge de fer fixée au haut de ce tuyau le traversait intérieurement; la suspension à ressort était fixée à l'extrémité inférieure de la verge de fer, et les ressorts passaient librement dans le coq. Le pendule étant suspendu, les changemens de température allongeaient ou raccourcissaient les ressorts de suspension. Il employait à ses horloges un échappement à doubles leviers propre à rendre les oscillations isochrones, en donnant pour longueur aux leviers le rayon de la roue.

Cet habile artiste a joui pendant sa vie d'une grande considération; il la méritait non-seulement par ses talens distingués, mais surtout par son amour pour l'art qu'il cultivait, et par ses vertus privées. Il eut le rare bonheur d'être père de quatre fils qui tous se sont distingués dans les sciences et dans les arts. L'aîné, Pierre Le Roy, auteur de très bonnes montres marines, et membre de l'académie d'Angers; Jean-Baptiste Le Roy, très versé dans la connaissance des machines, et des diverses inventions, membre de l'institut, et de l'académie royale des Sciences; Julien David Le Roy, auteur des ruines de la Grèce, professeur de l'académie royale d'architecture, de l'institut de Bologne, et membre de l'institut national; Charles Le Roy, professeur de médecine à l'université de Montpellier, membre de l'académie royale de cette ville, et correspondant de l'académie des Sciences de Paris.

C'est à Paris, et en 1759 que Julien Le Roy termina une vie si honorable consacrée à la perfection que la main d'œuvre acquit de son temps par les encouragemens, et l'émulation qu'il excita parmi les artistes.

En 1741, Thiout l'aîné, horloger de Paris, publia un *Traité d'horlogerie pratique;* ouvrage dans lequel il a rassemblé un grand nombre d'inventions et plusieurs machines ingénieuses de sa composition, entre autres un grand nombre d'échappemens, de cadratures de répétition pour montres et pendules. Thiout est né à Jouvelle en Franche-Comté.

Pierre Fardoil, aussi horloger de Paris, inventa vers 1741 une machine à fendre les roues en toutes sortes de nombres; le diviseur de cette machine n'est point comme à l'ordinaire composé d'un grand nombre de cercles concentriques divisés en différens nombres; c'est une plaque ronde taillée en 420 dents inclinées, et conduite par une vis sans fin mue par une manivelle. Ce mécanisme peut s'adapter à toutes sortes de plates-formes.

Enderlin, habile et savant mécanicien, établi à Paris vers l'an 1736, est auteur d'une horloge à secondes et à équation, marquant le lever et le coucher du soleil, les mois, le quantième perpétuel, etc. Il a donné une démonstration de la forme ou figure que doit avoir l'ancre d'une horloge à pendule pour rendre ses oscillations isochrones; la description d'un échappement à repos et à chevilles pour les montres, ainsi que d'un autre échappement à repos, et à deux rochets, etc.; ces différens articles ont enrichi le traité d'horlogerie de Thiout.

En 1745 l'académie des Sciences proposa un prix sur cette question : *De la meilleure manière de trouver l'heure en mer, soit dans le jour, soit dans le crépuscule, et surtout la nuit quand on ne voit pas l'horizon*; ce prix remis à l'année 1747 fut remporté par Daniel Bernoully, célèbre mathématicien de Bâle. Son mémoire a pour titre : *Recherches mécaniques et astronomiques*. Il contient des recherches profondes sur la mesure du temps et sur les horloges destinées à la navigation.

Passemant, l'un des plus habiles artistes de son temps, est auteur d'une pendule à sphère mouvante présentée à l'académie des Sciences le 23 août 1749. Dauthiau horloger l'a exécutée; il y a employé douze années. Le 7 septembre 1750, elle fut présentée au roi, qui en fit l'acquisition, et la fit placer au château de Versailles. Passemant a employé vingt années aux calculs des révolutions de toutes les planètes dont cette sphère marque le cours; s'il eût connu les moyens que les mathématiques nous fournissent aujourd'hui, il aurait fait ce travail en moins de vingt jours. Cette sphère est l'une des plus complètes qu'on connaisse : elle représente les mouvemens de toutes les planètes autour du soleil, Mercure, Vénus, la terre avec la lune, Mars, Jupiter et Saturne; leur place dans le zodiaque, leurs stations, rétrogradations et configurations par rapport à la terre, l'entrée du soleil dans les signes du zodiaque; les mois, leurs quantièmes, les équinoxes, les solstices, le lever et le coucher du soleil, son passage au méridien. La lune tourne autour de la terre en 29 jours 12 h. 44′ 3″; elle marque son âge, et présente ses phases, ses éclipses, celles du soleil, le lever et le coucher de la lune, son passage au méridien, etc. Cette horloge est réglée par un pendule à compensation par deux doubles leviers, et bat les secondes.

On est étonné que Passemant ait employé une aussi grande quantité de roues et de pignons pour représenter ces mouvemens. La première roue motrice de toutes ces révolutions fait son tour en 48 heures. Elle donne la révolution périodique de la lune au moyen de cinq roues et de cinq pignons; et celle de Mercure par deux roues et deux pignons. La roue représentant Mercure devient motrice de la révolution de la terre après une suite de dix roues et de dix pignons. La roue de la terre sert de motrice à Vénus, Mars, Jupiter et Saturne, en employant deux roues et deux pignons à chaque planète, de sorte qu'elles sont conduites par douze roues et douze pignons; on voit qu'il y a un très grand ébat dans ces douze engrenages, et qu'il peut y avoir un écart de près de 10 degrés sur la roue qui porte chaque planète.

Sur le rapport de MM. Camus et Deparcieux, commissaires nommés pour l'examen de cette pendule, l'académie a certifié que les révolutions des planètes y sont précises, et qu'elle ne trouvait pas en trois mille ans un degré de différence avec les tables astronomiques (1).

Passemant a encore exécuté en 1754 une horloge planétaire destinée pour le roi de Golconde; elle est restée à Paris; il est aussi l'auteur d'un instrument d'astronomie appelé Héliostat.

Camus, membre de l'académie royale des sciences, est auteur

(1) Nous nous proposons de donner plus tard des nombres que nous avons calculés pour les révolutions de toutes les planètes. Ces nombres sont plus approchans; car il en est dont l'écart d'un degré n'aurait lieu qu'après 75 millions d'années.

d'un *Cours de mathématiques* publié en 1752 ; le second volume traite de la mécanique en général. Dans le livre dixième, *page* 305, il démontre la meilleure figure qu'on puisse donner aux dents des roues d'une machine, afin de conduire les pignons de 6, 7, 8, 10, 12, avec uniformité de force et de vitesse, avant, ou dans la ligne des centres. Dans le livre onzième, il parle du nombre de dents que les roues d'une machine doivent avoir, pour que deux, ou plusieurs d'entre elles fassent en même temps des nombres donnés de révolutions. Il donne aussi des nombres pour la révolution de la terre, et la révolution synodique de la lune, etc. C'est le meilleur ouvrage et le plus complet pour la partie des roues, des pignons et des engrenages que Camus traite avec la plus grande clarté; il est très intéressant et fort instructif pour les ouvriers et les artistes.

Rivaz (1), mécanicien ingénieux, né dans le Valais, vint à Paris en 1749; il présenta à l'académie royale des Sciences une horloge à ressort et à sonnerie, allant un an sans être remontée; elle marquait l'équation du temps, et avait pour régulateur un pendule d'environ 15 pouces de longueur, dont la lentille pesant 40 livres, décrivait de très petits arcs. Pour opérer la correction des effets de la température, l'auteur avait employé un canon de fusil dans l'intérieur duquel en était un autre, composé de plomb et d'antimoine, dont la dilatation était un peu plus que double de celle du fer; à travers ce canon métallique passait une verge ronde en fer; sur le bout supérieur de cette verge était rivée une base qui portait sur le haut du canon métallique, et le bout inférieur de cette tringle supportait la lentille au moyen d'un écrou à vis.

Le principal moteur de cette horloge était un grand et puissant ressort placé dans le barillet de la sonnerie; sa force était employée non-seulement à mouvoir le rouage de la sonnerie,

(1) *Hist. de la mesure du temps*, tom. II, page 151.

mais à remonter un petit ressort, servant de moteur au rouage qui entretenait le régulateur, diviseur du temps. Ce ressort était placé autour de l'axe de la roue de minute, dans un barillet fixé à une roue qui engrenait dans une de celles du rouage de sonnerie. On voit qu'elle était à remontoir; l'échappement était à recul.

Cette horloge fut éprouvée pendant environ 15 jours, par les commissaires nommés par l'académie; elle fut soumise à une chaleur de 40 degrés Réaumur, et elle conserva sa régularité.

On doit aussi à Rivaz plusieurs mécanismes très simples de l'équation du temps.

Leplat, horloger de Paris, dans un mémoire présenté à l'académie des Sciences en 1751, propose un remontoir mis en action par un courant d'air.

En 1753 (1), Ellicott, horloger à Londres et membre de la société royale, fit imprimer un ouvrage ayant pour titre : *Description de deux méthodes par le moyen desquelles les irrégularités du mouvement des horloges dépendantes de l'influence du chaud et du froid sur la verge du pendule, peuvent être corrigées.*

Ce mémoire avait été lu à la société royale, le 4 juin 1752; en voici un extrait : « La première de ces méthodes consiste » dans la construction du pendule, lui même que j'avois imaginé il y a plusieurs années. Dans le commencement de 1738, » je remis à M. Machin, alors un des secrétaires, la description » et les dessins d'un tel pendule, pour qu'il fût présenté à la so- » ciété royale; ce qui n'eut pas lieu à cette époque.

» Je construisis en 1736 un instrument propre à mesurer la » dilatation des métaux (*c'est un pyromètre*); et comme je » trouvai une grande différence entre l'extension du cuivre et » celle du fer, je me déterminai aussitôt à exécuter le pendule » ci-devant décrit; il était composé de deux verges : l'une d'a-

(1) *Hist. de la mesure du temps*, tome II, page 71.

» cier attachée à la suspension, et l'autre de cuivre ajustée sur » la première ; le bout inférieur de celle de cuivre agit sur » deux leviers qui remontent la lentille. »

Cette horloge avec son pendule fut exécutée au commencement de 1738. Ellicott est encore l'auteur du régulateur à deux pendules vibrans : ayant suspendu au même support deux pendules à peu près de la même longueur, et isolés l'un de l'autre, il a mis l'un des deux en mouvement, en l'éloignant de la verticale de quelques degrés : peu à près l'autre s'est mis à vibrer dans le sens inverse du prémier; de sorte que lorsque l'un vibrait à droite, l'autre vibrait à gauche : ces vibrations croisées des deux pendules sont entretenues ainsi par le support. M. Bréguet a employé ce système pour composer ses horloges astronomiques doubles à deux pendules ; le mouvement conduit un seul pendule, et celui-ci transmet par le support les vibrations à l'autre. Pour arriver à la plus grande régularité possible, on règle séparément les deux pendules en les appliquant alternativement à l'horloge ; puis on les dispose ensemble l'un devant l'autre : l'un est indépendant du rouage; de sorte que les petites erreurs de l'un sont en grande partie détruites par l'influence de l'autre.

Romilly, très habile horloger de Paris, présenta en 1755 à l'académie des Sciences une montre à 8 jours, dont le balancier faisait une vibration par seconde. Il fit en 1758 une autre montre qui allait un an sans être remontée ; elle était comme celle à 8 jours, c'est-à-dire à secondes fixes ; le balancier ne faisait qu'une vibration par seconde, la température et les huiles exerçaient sur cette montre une très grande influence, et Romilly réduisit sa marche à six mois, c'était encore trop ; le temps a fait justice de toutes ces sortes de montres. Il avait imaginé vers 1768 une montre marine qu'il mit au concours de l'académie ; elle fut fracassée par un astronome maladroit. La construction de cette montre n'a pas été connue.

Romilly a fourni d'excellens articles à l'Encyclopédie.

Caron de Beaumarchais, horloger distingué, inventa en 1754 un échappement à chevilles pour les montres. Il quitta l'horlogerie pour suivre la carrière des lettres et du théâtre. Il est, comme on sait, auteur du *Barbier de Séville*, du *Mariage de Figaro*, etc.

Jean Jodin, excellent horloger, établi à Paris, publia, en 1754 un *Traité des échappemens* dans lequel il prétend que la principale propriété des échappemens à repos, est de compenser admirablement les inégalités de la force motrice, et celles qui proviennent de la variation des frottemens, de la coagulation des huiles, etc. Il fait un éloge pompeux de l'échappement à cylindre, comme corrigeant toutes ces inégalités; nul horloger, tant soit peu instruit, ne partage cette opinion; car on sait aujourd'hui qu'aucun échappement ne les corrige. Il dit, *page* 48, que l'augmentation de force motrice se réduit à opérer de plus grands arcs au régulateur; mais l'isochronisme de ces arcs inégaux a lieu dans les ressorts spiraux ainsi que dans le pendule libre. On voit que Jodin avait déjà l'idée de l'existence de l'isochronisme dans les ressorts spiraux; il reconnait que les grands et les petits arcs décrits par le balancier sont rendus isochrones par le ressort spiral; voilà donc la première idée de l'isochronisme du spiral dont quelques années plus tard, Pierre Le Roy et F. Berthoud se sont disputés la gloire de la découverte.

Jodin avait entrepris en 1744 une montre qu'il destinait pour la perfection des longitudes, mais ses expériences pendant dix ans sur les montres portatives avaient affaibli ses prétentions. Deux causes s'opposaient à la perfection de sa montre : 1° l'action du chaud et du froid sur le spiral; il observe qu'il faudrait à la faveur du thermomètre entretenir une chaleur égale dans le lieu où elle serait placée; 2° l'action inégale de l'air sur les surfaces du balancier et leur effet à des distances fort différentes, qui se trouve augmenté sur le globe par la pesanteur inégale des corps; il pensait que malgré l'excellence des principes de cette montre, elle ne remédia jamais à cet inconvénient.

Lepaute (J. A.), horloger de Paris, a perfectionné l'échappement à chevilles, et l'a employé avec le plus grand succès aux horloges qu'il a construites de concert avec son frère et ses neveux, et qu'il a portées au plus haut point de perfection; celle de l'hôtel de ville de Paris, de l'école militaire, de l'hôtel des Invalides, des Tuileries, etc., se font remarquer par l'exécution la plus belle et la plus soignée. Celle de l'hôtel de ville est horizontale; elle est réglée par un pendule à compensation de neuf verges, et marque constamment le temps vrai, ou les variations du soleil au moyen d'une courbe qui allonge ou racourcit la suspension à ressort du pendule, dans le temps où le soleil avance ou retarde. Cette courbe s'appuie sur une ellipse portée par une roue dont la révolution s'effectue en un an. On a dû supprimer tout ce mécanisme depuis qu'on s'est décidé à se régler sur le temps moyen, le seul égal et uniforme. L'échappement à virgules doubles est dû à Lepaute; peu d'artistes l'ont employé à cause de la difficulté d'exécution. Il a eû plus de succès depuis que Romilly supprima la manivelle; mais il n'était guere plus facile à exécuter : il a été abandonné depuis long-temps pour celui à virgule simple, beaucoup plus facile à faire ainsi que sa roue; mais on l'a abandonné de même, à cause de la grande difficulté d'y maintenir de l'huile.

Lepaute, dans sa description des échappemens, après avoir dit que celui à cylindre de Graham a toujours été regardé comme le plus parfait, ajoute; et nous le croirions encore si nous n'en avions un à lui opposer qui lui est de beaucoup supérieur (c'était l'échappement à doubles virgules dont il voulait parler). Reconnaissant que l'échappement de Graham était d'une exécution fort difficile pour les montres, il souhaitait depuis long temps d'en trouver un qui pût réunir la précision dans les effets et la facilité dans l'exécution; mais il n'espérait pas en trouver un qui pût l'emporter de toutes les manières sur celui de Graham.

Quel est l'artiste qui, ayant connaissance de ces deux échappemens, partagerait aujourd'hui l'opinion de Lepaute? je crois qu'il n'en existe pas; l'échappement à double virgule est le comble de la difficulté, et celui à cylindre existera tant qu'on désirera de bonnes montres.

Du temps de Lepaute, un ouvrier employait trois jours à faire une roue de cylindre; maintenant un habile ouvrier pourrait en faire deux et même trois dans un jour.

Lepaute est aussi l'auteur d'un excellent *Traité d'horlogerie* publié en 1755 : on y trouve la description d'une pendule à une roue, avec une sonnerie sans rouages, et par un seul chaperon; la description d'une pendule à remontoir, d'une à quatre parties, et plusieurs autres notices curieuses, et fort intéressantes; *Supplément au Traité d'horlogerie*, Paris, 1760; *Description de plusieurs ouvrages d'horlogerie*, 1764, in-12. Né à Montmédi, en 1709, il mourut à Saint-Cloud, le 11 avril 1789, à l'âge de 80 ans.

Son frère, Jean-Baptiste Lepaute, associé à son commerce, se distingua par ses talens en horlogerie, et eut part à ses principaux ouvrages : l'horloge du Luxembourg, faite en 1753, est la première horloge horizontale qu'on ait vue à Paris; celle de l'hôtel de ville, posée en 1786, est presque entièrement de la main de cet artiste. Il mourut en 1802.

Mme Lepaute tient un rang distingué dans le petit nombre de femmes qui se sont signalées dans l'astronomie. Née à Paris, le 5 janvier 1723, elle annonça, dès son enfance des dispositions peu communes pour les sciences. Elle épousa, à l'âge de 25 ans, Lepaute l'aîné (J.-A.), et dès ce moment partagea ses travaux. Elle devint l'amie de Clairaut et de Lalande, et elle leur communiquait le résultat de ses études, qu'ils se plaisaient à encourager; elle leur fut très utile à tous les deux par ses calculs sur la fameuse comète dont le retour était prédit pour 1757, mais qui ne fut aperçue que sur la fin de l'année suivante. Lalande lui a donné la part d'éloges qu'elle mérite, dans sa *Théorie des comètes*, page 110. C'est à elle que les sciences doivent Lepaute d'Agelet, qu'elle fit venir de Montmédi, à l'âge de 15 ans, pour lui faire étudier l'astronomie, et qui périt dans l'expédition de la Pérouse.

Une trop grande assiduité au travail affaiblit sa vue, et elle fut forcée de discontinuer ses calculs. Son mari étant tombé malade, elle le soigna pendant sept ans avec un zèle et une patience au dessus de tous les éloges; elle le suivit à Saint-Cloud, où on le transporta pour lui faire respirer un air plus sain; elle y mourut quelques mois avant lui, le 6 décembre 1788, à l'âge de 65 ans.

On doit à cette dame la *Table des longueurs des pendules*, dans le *Traité d'horlogerie* de son mari; des *Observations* dans la *connaissance des temps*, depuis 1759 jusqu'à 1774. Le volume de l'année 1763 contient d'elle une *Table des angles parallactiques*, utile pour les navigateurs; et celui de 1764, les *Calculs de l'éclipse annulaire du soleil*, annoncée pour le 1er avril avec une carte qui en présente la marche et les différentes phases pour tous les pays de l'Europe; des *Tables* du soleil, de la lune et des autres planètes, dans les éphémérides des mouvemens célestes, tom. VII et VIII. Des *Mémoires* d'astronomie, communiqués à l'académie de Béziers, et imprimés par extrait dans le *Mercure*. Lalande a inséré l'*Eloge* de cette dame dans son *Histoire de l'astronomie*, année 1788.

Jérôme Lalande, si célèbre par son *Astronomie*, 3 volumes in-4°, s'est occupé de diverses parties de mécanisme relatives à l'horlogerie; il est auteur 1° d'un *Traité des engrenages et de la figure des dents des roues*; 2° du *Calcul des rouages*; 3° du *Centre d'oscillation du pendule*, insérés dans l'ouvrage de Lepaute dont nous venons de parler.

Jean Harrisson, le plus célèbre horloger de l'Angleterre, est le premier qui ait réussi dans la découverte des longitudes en mer. Né en 1693, Harisson pratiquait avec son père l'état de charpentier à Barow, dans le comté de Lincoln; mais cet état lui déplaisait, et il suivit l'impulsion de son génie naturel pour l'art de l'horlogerie qu'il cultiva avec le plus grand succès. Son premier état le conduisit à faire plusieurs recherches sur la nature des bois qu'il employa à la construction de ses premières horloges. Il trouva que les pivots en cuivre pouvaient utilement se mouvoir dans les trous de bois, sans avoir besoin de l'huile pour adoucir les frottemens. Au lieu d'employer des pignons, il fit des lanternes en bois dont les fuseaux étaient en cuivre. Voilà ses premiers essais; mais plus tard il construisit d'excellentes pendules. En observant leur marche, il remarqua des variations dans les changemens de température qui allongeaient, ou raccourcissaient son pendule; il connaissait les effets de la température sur les métaux dont la dilatation était différente, et il exécuta après beaucoup d'expériences un pendule composé de baguettes de cuivre et d'acier, réunies en forme de gril. Ce pendule fut si exact que son centre d'oscillation se trouva toujours à la même distance du point de suspension quelle-que fût l'influence du chaud et du froid. En 1726 il possédait deux horloges qui ne différaient pas d'une seconde par mois. L'une des deux horloges qu'il garda pour son usage, et qui fut constamment comparée à une étoile fixe, ne varia pas plus d'une minute en dix ans (1). Ce premier succès l'enhardit à rechercher les longitudes sur mer, au moyen de montres très exactes; il ne pouvait employer, ni un poids pour moteur, ni un pendule pour régulateur. Il construisit donc une première montre à ressort dont le régulateur était deux balanciers faisant leurs vibrations en sens contraire, afin, disait-il, de détruire les effets des agitations du vaisseau. Ces balanciers n'étaient pas circulaires; ils étaient formés de quatre boules placées aux extrémités de quatre

(1) F. Berthoud et beaucoup d'autres artistes doutent de cette grande exactitude.

tiges ; chaque balancier avait deux spiraux cylindriques en forme de tire-bourre. Mais le froid augmentait l'élasticité de ces ressorts spiraux, et la chaleur la diminuait. Il employa pour opérer la compensation, un châssis semblable à son pendule à gril ; et tellement disposé qu'il conservait à ses spiraux toute son élasticité. Cette première machine étant terminée, fut mise à bord d'un vaisseau de guerre qui partit pour Lisbonne au mois de mai 1736. Pendant ce voyage elle avait marché avec assez de régularité pour fixer la longitude, et pour corriger la mauvaise estime du vaisseau d'environ un degré et demi à l'entrée de la Manche.

Sur le rapport authentique du succès de ce voyage, les commissaires des longitudes encouragèrent Harrisson à faire une seconde horloge. Terminée en 1739, elle fut éprouvée, et fit espérer qu'elle pourrait donner la longitude suivant les limites exigées par l'acte de la reine Anne. En 1741, il présenta sa troisième horloge ; elle était plus petite, moins compliquée et moins sujette à être dérangée. Il avait fait à ces deux horloges un grand nombre de changemens. Au châssis, pour opérer la compensation, il avait substitué une lame composée qui agissait sur un seul spiral : il en avait supprimé trois, et un balancier. Satisfaite de ces nouvelles machines, la Société royale de Londres, dans sa séance du 30 novembre 1749, décerna une médaille d'or à Harrisson. Le président, M. Folkes, lui adressa un discours également honorable pour l'artiste qui l'a mérité et la Société qui l'accorda.

En 1714, la 12e année du règne de la reine Anne, le parlement promit dix mille livres sterling à celui qui découvrirait les longitudes en mer à un degré près ; quinze mille, si on les découvrait à deux tiers de degrés, et vingt mille pour un demi degré, ou trente milles géographiques.

Ses trois premières horloges marines ne lui paraissant point assez perfectionnées pour aspirer à la plus grande récompense promise, Harrisson en construisit donc en 1758, une quatrième plus petite, car elle n'a que cinq pouces de diamètre; il lui donna le nom de garde-temps. C'est à cette excellente machine que fut adjugé le prix proposé par l'acte du parlement.

Cette machine étant terminée, Harrisson écrivit, le 3 octobre 1761, aux commissaires des longitudes pour leur témoigner le désir que son fils fût envoyé avec sa montre à la Jamaïque, et qu'ils voulussent donner les ordres nécessaires pour faire avec soin les expériences propres à en assurer la certitude, etc. Le 14 du même mois, il reçut du secrétaire de l'amirauté les instructions des commissaires contenant la manière dont la montre devait être transportée à la Jamaïque, celle des épreuves, etc.

Son fils Guillaume se rendit à Portsmouth au mois de novembre. La marche de la montre fut observée pendant plusieurs jours, et on reconnut qu'elle retardait par jour de 2″ $\frac{66}{100}$.

Le 18, il partit de Portsmouth sur le vaisseau le *Depfort*, capitaine Digges, ayant à bord la montre de son père; le 6 décembre, elle donnait 15° 19′; et l'estime du vaisseau était de 16° 50′ longitude Est de Portsmouth; la différence était d'un degré et demi. Déjà la montre de Harrisson était regardée comme fautive et mauvaise; mais Guillaume annonça que si l'île de Portland était bien désignée sur la carte, elle serait en vue le lendemain; en effet, on la découvrit à sept heures du matin; on reconnut l'erreur du vaisseau, et Harrisson triompha. La Désirade, l'une des Antilles, fut annoncée à jour fixe, ainsi que toutes les îles avant d'arriver à la Jamaïque; enfin, le 19 janvier 1762, après une traversée de soixante-deux jours, il attérit à Port-royal. La différence de méridien entre Portsmouth et Port-royal est de 5^h 2′ 51″. L'observation du 26 janvier à Port-royal donnait selon la montre 5^h 2′ 45″ $\frac{9}{10}$; la différence était 5″ $\frac{1}{10}$ de temps, ce qui fait une minute et quart de degré, et vingt-quatre fois plus exactement que ne l'exige l'acte de la reine Anne, qui fixe la limite d'erreur à 30′ de degré pour la plus grande récompense. L'observation de la montre date du 6 novembre; Guillaume Harrisson partit le 18;

c'est douze jours à ajouter aux soixante-deux de traversée. Il arriva le 19 janvier à Port-royal, l'observation fut faite le 26; c'est donc encore sept jours : total 81 jours; et la montre n'avait pendant tout ce temps éprouvé qu'un écart de 5″ $\frac{1}{10}$.

Guillaume Harrisson resta onze jours à la Jamaïque; il s'embarqua sur la chaloupe le *Merlin*, et partit le 30 janvier pour revenir à Portsmouth : il y arriva le 26 mars 1762; l'observation fut faite le 2 avril, et constata que la montre retardait de 1′ 5″ après 147 jours de navigation dans la plus mauvaise saison de l'année. Cette seconde observation donnait encore la longitude à dix-huit milles près, un peu moins d'un tiers de degré au lieu de trente milles, ou un demi degré qu'exigeaient les limites de l'acte du parlement pour recevoir la plus haute récompense, vingt mille livres sterling (1).

Après des épreuves aussi satisfaisantes, Harrisson espérait recevoir la récompense promise; mais Maskelyne, astronome royal de Gréenvich, qui soutenait la méthode de la découverte des longitudes par les tables de la lune, fit tant d'objections, qu'on força Harrisson à faire de nouvelles épreuves.

Le bureau des longitudes statua que Harrisson ferait un second voyage aux Indes occidentales, qu'on lui accorderait 2,500 livres sterling à compte des 10,000 livres qui lui étaient promises, etc. ; enfin, après beaucoup de contrariétés et d'altercations, son fils se prépara à ce nouveau voyage.

Avant de s'embarquer, il fit constater la marche de sa montre à l'observatoire de M. Schort, célèbre opticien et astronome de Londres. Le 13 février 1764, comparée à une excellente pendule de Graham, elle fut trouvée en retard de 2″ $\frac{1}{2}$. Le 28 mars, elle fut embarquée sur le vaisseau le *Tartare*, qui éprouva un très gros temps dans la baie de Biscaye ; le vaisseau arriva à la Barbade le 13 mai, Harrisson y resta jusqu'au 4 juin; il s'embarqua ce jour même avec sa montre sur la *Nouvelle Eli-*

(1) 502,200 francs.

sabeth, et arriva à Londres le 18 juillet. La montre fut de nouveau comparée à la pendule de M. Schort, et, eu égard aux corrections relatives à la température, elle se trouvait en retard de 15″ sur le temps moyen après 156 jours de navigation, et avait donné la longitude à 3′ 45″ de degré, c'est-à-dire dix-huit fois plus exactement que l'acte ne l'exigeait, qui est d'un demi-degré après une traversée de six semaines.

Le 18 septembre, le docteur Bévis fut chargé par les commissaires de calculer la différence de longitude entre l'île Barbade et Portsmouth : ce rapport fut favorable à Harrisson. Le 9 février 1765, tout en reconnaissant que cette montre avait donné les longitudes beaucoup en deçà des limites prescrites par l'acte du parlement, le bureau décida qu'on ne délivrerait à Harrisson les 7,500 livres sterling restans, qu'après qu'il aurait développé les principes de la construction de sa montre, et mis les artistes en état d'en construire de semblables. Harrisson livra sa montre aux commissaires avec l'explication par écrit. Les commissaires furent satisfaits de ses réponses à toutes leurs questions; ils lui en délivrèrent un certificat signé de Nevil-Maskelyne, Jean Mitchell, Ludlam, Bird, Mudge, Mathews et Kendal. Il reçut les 7,500 livres sterling, qui, jointes aux 2,500 qu'il avait déjà reçues, font 10,000 livres sterling (1). Les 10,000 livres restans devaient lui être payées lorsqu'un horloger aurait fait une montre sur ses dessins et explications, et qu'étant éprouvée en mer, elle aurait satisfait à toutes les épreuves et conditions.

Le bureau des longitudes en confia l'exécution à Larcum Kendal, horloger de Londres. Cette montre fut embarquée en 1772 sur le vaisseau la *Résolution,* commandé par le célèbre navigateur capitaine Cook, dans son voyage autour du monde. Au retour de ce voyage qui constata pleinement le succès et la perfection de la montre, Harrisson reçut enfin, à l'âge

(1) 251,100 francs.

de 78 ans, les 10,000 livres restans de la récompense promise, mais après beaucoup de débats et d'oppositions de la part de ses antagonistes : c'est à l'horlogerie qu'est restée la gloire de la découverte des longitudes en mer.

La montre marine de Harrisson est à roue de rencontre ; la verge a des palettes en diamant d'une disposition différente de celles qu'on fait actuellement ; les pivots tournent dans des trous en rubis ; un ressort, placé dans la roue de champ, est le moteur de l'échappement sur lequel il agit huit fois par minute, et la montre donne exactement cinq battemens ou vibrations par seconde. Harrisson dit qu'une montre de poche réussirait mieux avec six battemens par seconde ; aussi tous les artistes ont toujours condamné les montres à vibrations lentes, telles que celles à secondes fixes et à demi-secondes, comme devant varier par les agitations du porter.

La fusée a dans son intérieur un second ressort qui fait marcher la montre pendant qu'on la remonte. Cette invention, due à Harrisson, puisqu'on ne l'a vue nulle part avant lui, se nomme fusée auxiliaire. Pour compenser les effets de la température, une lame composée de deux plaques d'acier et de cuivre rivées ensemble par quantité de chevilles, agit sur le spiral en l'allongeant par le froid, et le raccourcissant par la chaleur. Comme le cuivre s'allonge plus par la chaleur que l'acier, la lame devient convexe du côté du cuivre par le chaud, et convexe par le froid, du côté de l'acier ; cette lame étant fixée par une de ses extrémités sur la platine, le spiral passe dans une fente pratiquée à l'autre extrémité qui, étant libre, allonge ou raccourcit le spiral par les changemens de température.

Pour rendre d'égale durée les oscillations du balancier par les grands et petits arcs, Harrisson employa un clou à cycloïde dont l'action sur le spiral tend à réduire les différentes vibrations à fort peu près à l'égalité. Il n'a pas parlé de l'isochronisme du spiral, il n'en a pas connu les propriétés. Les roues et pignons sont très nombrés.

La description de cette montre a été publiée en 1767 par ordre des commissaires du bureau des longitudes; mais cette description et les dessins sont tellement inintelligibles, qu'il semble qu'on ait voulu qu'elle ne fût pas imitée. Harrisson est mort à Londres, le 24 mars 1776, âgé de 82 ans.

Ferdinand Berthoud, mécanicien de la marine, membre de l'Institut et de la Société royale de Londres, chevalier de la légion d'honneur, rival de Harrisson, est le plus célèbre horloger dont la France puisse se glorifier. Il est né au mois de mars 1727, à Plancemont, montagne du Jura, comté de Neuchâtel.

Ce fut en 1742, qu'alors âgé de quinze ans, il vit pour la première fois travailler à l'horlogerie : entraîné par un goût particulier pour cet art, il voulut s'y appliquer. On prit dans la maison de son père un ouvrier pour lui donner les premières notions de la main d'œuvre. Il vint à Paris, en 1745, pour se perfectionner dans l'horlogerie et dans l'étude de la mécanique; depuis cette époque, il s'est fixé en France qu'il adopta pour sa seconde patrie, et l'on doit considérer comme productions françaises les longs travaux de cet artiste.

F. Berthoud est auteur d'un grand nombre d'ouvrages sur l'horlogerie; il publia, en 1759, un petit ouvrage de 80 pages in-12, intitulé : l'*Art de conduire et de régler les montres et les pendules*; en 1763, le grand et bel ouvrage qu'il a modestement appelé *Essai sur l'horlogerie*, 2 vol. in-4; en 1773, le *Traité des horloges marines*, in-4; en 1775, les *Longitudes par la mesure du temps*, ou méthode pour déterminer les longitudes en mer avec le secours des horloges marines, in-4; en 1782, la *Mesure du temps appliquée à la navigation*, ou principes des horloges à longitudes; en 1787, la *Mesure du temps*, ou supplément au traité des horloges marines et à l'essai sur l'horlogerie, in-4; en 1792, *Traité des montres à longitudes*, in-4; en 1797, la *Suite* du *traité des montres à longitudes*, in-4; et enfin, en 1802, à l'âge de 75 ans, l'*Histoire de la mesure du temps par les horloges*, 2 vol. in-4. Toutes les recherches qui l'ont occupé pendant plus d'un demi-siècle, sont consignées dans ses ouvrages. Celle qui a pour objet la détermination des longitudes en mer par les horloges, mérite, à raison de son importance, une mention particulière.

F. Berthoud, avant 1754, était occupé de cette recherche; au commencement de 1761, il eut terminé sa première horloge marine dont il donne les principes et la construction dans son *Essai sur l'horlogerie*. Elle fut présentée à l'académie le 16 avril 1763, et éprouvée en mer en 1764; c'est de cette année que date en France la première épreuve des horloges marines pour la détermination des longitudes. La montre marine, n° 3, fut livrée en septembre 1761 à M. le chevalier de Goimpy, commandant la corvette l'*Hirondelle*, et deux mois après, le 14 novembre, M. l'abbé Chappe (1) en fit son rapport à l'académie. Cette même machine lui servit dans son voyage en Californie, fait en 1768; elle donna les longitudes avec une très grande précision, après deux traversées fort orageuses de 75 et de 37 jours. Il paya cher (dit Bailly) le bonheur d'avoir réussi dans ce fameux passage de Vénus sur le soleil : il avait été l'attendre en Californie; il y mourut victime de son zèle, et acheta de sa vie l'honneur de cette grande décision. L'histoire lui doit des éloges, et les hommes de la reconnaissance. M. l'abbé Chappe portait dans la carrière des sciences le même courage que l'on montre dans celle des armes; le péril ne l'étonnait pas, pourvu qu'il fût sûr d'échanger sa vie contre la

(1) C'est à MM. Chappe, neveux de cet homme illustre, qu'on doit l'invention des télégraphes, et l'on sait avec quelle célérité les nouvelles parviennent. On les reçoit à Paris de Lille en deux minutes, par vingt-deux télégraphes; de Calais, en trois minutes, par trente-trois télégraphes; de Strasbourg, en six minutes et demie, par quarante-quatre télégraphes; de Lyon, en huit minutes, par cinquante-cinq télégraphes, et de Brest aussi, en huit minutes, par cinquante-quatre télégraphes.

gloire. F. Berthoud reçut, en 1766, l'ordre du roi d'exécuter deux horloges marines dont Sa Majesté voulut faire les frais, se réservant d'en faire faire les épreuves; ce sont les horloges n°. 6 et n°. 8.

Il les livra le 3 novembre 1768 ; les épreuves qui en furent faites par MM. de Fleurieu et Pingré sont constatées dans le voyage de M. de Fleurieu (1). L'horloge n°. 8, après 144 jours, donna la longitude à deux tiers de degré près; à un peu moins de deux tiers de degré après 214 jours; et trois quarts de degré seulement en 287 jours. L'exactitude de l'horloge n°. 6 a rarement cédé à celle du n°. 8, car elle suivit à peu près la même marche dans sa première période; et dans les deux autres, l'erreur fut plus grande d'un degré ; mais l'horloge n°. 8, pendant une épreuve de 376 jours, donna constamment la longitude à un quart de degré près en 45 jours; souvent l'erreur ne fut que d'un huitième, quelquefois moindre (2).

On voit déjà par ces premières épreuves que les horloges de Ferdinand Berthoud étaient supérieures à celles de Harrisson pour la justesse et l'exactitude de leur marche, puisque après de plus longues périodes que celles de Harrisson, elles donnaient la longitude à un huitième de degré près, quelque-fois moins; tandis que pour la plus grande récompense promise par l'acte de la reine Anne, on n'exigeait qu'un demi-degré. F. Berthoud partage seulement avec Harrisson la gloire de la découverte des longitudes sur mer ; mais il méritait autant de récompenses de son gouvernement, que Harrisson en reçut du sien.

Dans le voyage autour du monde par M. de la Pérouse,

(1) Paris, de l'Imprimerie royale, 2 vol. in-4., 1773.

(2) Une erreur d'un demi-degré n'équivaut qu'à dix lieues sur l'équateur; à huit deux tiers sur le parallèle de trente degrés; à sept lieues sur celui de quarante-cinq degrés; à cinq lieues seulement sur le parallèle de soixante degrés.

capitaine de vaisseau, commandant la *Boussole*, et M. de Langle, aussi capitaine de vaisseau, commandant l'*Astrolabe*, cinq horloges marines de F. Berthoud furent mises à bord; c'étaient les n°s 18 et 19 grandes horloges à poids; 25, 27 et 29 petites horloges à ressort. Le 1er août 1785, de la Pérouse mit à la voile; il arriva à Ténériffe le 19, et vérifia les horloges marines des deux frégates; le n° 19 n'avait retardé que de 18″ depuis la dernière observation faite à Brest le 13 juillet. Le n° 29 retardait d'une minute, et le n° 25 de 28″; ainsi en 37 jours, l'erreur n'était que d'un quart de degré. Dans toute la campagne, ces horloges donnèrent la longitude avec une très grande précision; le n° 19 servit à déterminer la position des îles de Martin-Vas et de la Trinité, et de tous les points de la côte d'Amérique que la Pérouse reconnut. Enfin depuis 1785 jusqu'en 1788, on compte 394 déterminations de longitude par l'horloge n.° 19; et 69, par la méthode des distances de la lune au soleil.

C'est donc par le secours de l'horlogerie qu'on a la connaissance exacte des longitudes en mer; il ne faut ni grands calculs, ni observations difficiles; il suffit de connaître à chaque instant du jour l'heure qu'il est au port d'où l'on est parti, comparée avec l'heure du lieu où l'on est, soit par les hauteurs correspondantes du soleil, ou par les étoiles. La différence de l'heure marquée par la montre, et de l'heure du vaisseau réduite en degrés, donnera la différence de longitude entre le port d'où l'on est parti et le lieu où l'on est.

L'utilité des montres marines ne se borne pas à diriger avec sûreté la route des vaisseaux, elles servent encore à rectifier les cartes et à perfectionner la géographie.

Une découverte importante pour la constante justesse des horloges et des montres à longitudes, est celle de l'isochronisme des oscillations du balancier par le ressort spiral. Cette découverte est uniquement due à F. Berthoud: il en a le premier prouvé le principe et établi la théorie dans son *Traité des hor-*

loges marines. Le 10 février 1768, il déposa au secrétariat de l'académie des sciences le précis de sa théorie de l'isochronisme des vibrations du balancier, dans lequel il démontre que les oscillations d'un balancier quelconque peuvent être rendues isochrones par le ressort spiral, et que les inflexions de deux ressorts d'égale longueur sont en raison inverse de leurs forces.

L'isochronisme des vibrations du régulateur, dit-il, *Traité des horloges marines*, p. 547, est fondé sur des principes simples, et que je n'ai trouvés qu'après des recherches infinies; cependant j'avais formé ce projet dès le temps où je publiai mon *Essai sur l'horlogerie*; et c'est à cet usage qu'était destiné l'instrument ou machine d'expérience appelée balance élastique sur la durée des vibrations grandes et petites d'un même balancier, et les forces des ressorts spiraux diversement tendus.

F. Berthoud a développé de la manière la plus savante sa théorie de l'isochronisme, et la loi que les inflexions des ressorts spiraux doivent suivre pour y parvenir, il établit que la force du spiral doit être en progression arithmétique; il présente plusieurs propositions très intéressantes qu'il serait trop long de citer. En renvoyant, pour de plus grands détails, à son *Traité des horloges marines*, p. 49, n°. 141, nous ne pouvons nous empêcher d'en citer très brièvement quelques-unes.

Première Proposition. Un spiral, pour être isochrone, doit être fort long; alors les grands arcs seront plus lents que les petits; si ce spiral est court, c'est l'inverse, les grands arcs seront plus prompts que les petits; mais dans le premier cas on le ramène à l'isochronisme en le raccourcissant.

Deuxième Proposition. Un spiral isochrone conservera son isochronisme, soit qu'on l'applique à un balancier qui fasse des vibrations promptes, ou à un balancier qui fasse des vibrations lentes.

Troisième Proposition. Si l'on a un balancier grand et pesant qui fasse des vibrations promptes, il faudra que le spiral soit fort long, pour que l'augmentation de sa force soit en progression arithmétique; et dans un petit balancier léger, le spiral, pour être isochrone, doit être faible et court, en sorte que dans les montres de poche il est possible d'obtenir l'isochronisme des vibrations par le spiral.

Quatrième Proposition. Si l'on a deux lames de spiraux de même longueur et exactement calibrées, l'une pliée en un grand nombre de tours très serrés, l'autre en un petit nombre de tours très ouverts, la première sera propre à l'isochronisme, parce que les inflexions se feront par des leviers plus semblables, et l'autre ne sera pas isochrone, parce que les inflexions se feront par des leviers plus inégaux; c'est afin d'obtenir des inflexions par des leviers égaux qu'on emploie les spiraux cylindriques ou en forme de tire-bourre.

Cinquième Proposition. Si le spiral est faible du centre, fort au dehors, les grands arcs seront plus prompts que les petits; si au contraire il est fort au centre et faible en dehors, les grands arcs seront plus lents que les petits; alors en le raccourcissant de proche en proche il deviendra isochrone, etc.

Il fallait tout le talent de cet homme de génie pour établir sur l'isochronisme du spiral une théorie aussi vaste, aussi bien conçue et aussi savamment développée.

Contemporain et émule de F. Berthoud, Pierre Le Roy lui contesta la découverte de l'isochronisme du spiral (1); quelques savans l'attribuent en effet à Pierre Le Roy. Nous ne prétendons pas décider cette question; mais nous ne voyons pas sur quoi se trouve fondée l'opinion de ces savans.

L'*Essai sur l'horlogerie* parut au commencement de janvier 1763. F. Berthoud y décrit sa balance élastique avec laquelle il avait fait des expériences sur la durée des vibrations

(1) Vers 1768.

grandes et petites d'un même balancier, et les forces des ressorts spiraux diversement tendus ; voilà donc l'origine de la théorie sur l'isochronisme des vibrations par le spiral. Aussi Daniel Bernoulli, célèbre mathématicien de Bâle, après avoir lu cet ouvrage, écrivit-il à F. Berthoud : « Voilà certainement des ex-» périences infiniment intéressantes, elles constatent le vrai » principe de l'isochronisme, etc. » Daniel Bernoulli reconnaît donc que ces expériences ont pour but la recherche de l'isochronisme du spiral.

Le 10 février 1768, F. Berthoud remit à l'académie des Sciences sa nouvelle théorie du spiral dans laquelle il démontre, comme nous l'avons vu, que les oscillations d'un balancier quelconque peuvent être rendues isochrones par le spiral ; et, en 1773, il l'imprima dans son *Traité des horloges marines*. Pierre Le Roy, dans son *Exposé succinct* publié en février 1768, par conséquent postérieurement au dépôt de F. Berthoud, dit (*page* 27), qu'il a trouvé une propriété dans le ressort au moyen de laquelle il parvient facilement au plus parfait isochronisme des vibrations : mais rien ne constate ni expériences, ni épreuves ; et, à cette époque, l'*Essai sur l'horlogerie* était connu depuis cinq ans, et plusieurs horloges marines de F. Berthoud avaient déjà été éprouvées en mer ; et certes, pour conserver une aussi grande justesse, les spiraux de ces horloges devaient être isochrones.

Pierre Le Roy présenta sa première montre marine à l'académie le 7 septembre 1763, et une seconde le 18 août 1764, mais il n'en donne la description qu'en 1770, dans son *Mémoire* sur la meilleure manière de mesurer le temps en mer ; il dit (*page* 15) : « Ce n'est que depuis quelque temps que j'ai en-» fin reconnu, comme je l'expliquerai plus particulièrement, ce » fait si important qui désormais doit servir de base et de » guide aux ouvriers qui les construisent ; savoir, qu'il y a » dans tout ressort d'une étendue suffisante une certaine lon-» gueur où toutes les vibrations grandes ou petites sont isochrones; que, cette longueur trouvée, si vous raccourcissez » ce ressort, les grandes vibrations seront plus promptes que » les petites; si au contraire vous l'allongez, les petits arcs » s'achèveront en moins de temps que les grands. C'est de cette » importante propriété du ressort *ignorée* jusqu'ici que dépend » particulièrement la régularité de ma montre marine. »

Avant 1754, Jean Jodin (1) avait l'idée de l'existence de l'isochronisme dans le ressort spiral; il dit *page* 48 de son *Traité*, « que l'augmentation de force motrice se réduit à opé- » rer de plus grands arcs au régulateur; mais l'isochronisme » de ces arcs inégaux a lieu dans les ressorts spiraux ainsi que » dans le pendule libre. » Aucun artiste, avant lui, n'avait reconnu cette propriété; F. Berthoud et Pierre Le Roy firent chacun de leur côté des expériences qui les conduisirent l'un et l'autre à la découverte de l'isochronisme du spiral : mais on doit l'attribuer à F. Berthoud, dont les premières expériences sur les spiraux sont antérieures à l'année 1763; et ce ne fut qu'en 1768, que Pierre Le Roy annonça qu'il avait reconnu, dans le ressort, une propriété au moyen de laquelle il parvenait facilement au plus parfait isochronisme, sans dire comment, ni par quelles expériences il y parvenait. D'ailleurs la théorie de F. Berthoud diffère essentiellement de celle de Pierre Le Roy; F. Berthoud et presque tous les artistes ont trouvé que les grandes vibrations sont plus promptes que les petites; et Pierre Le Roy dit qu'il a toujours reconnu, comme les savans et les artistes les plus renommés, que les grandes vibrations étaient plus lentes que les petites. Il employait donc des spiraux d'un très grand nombre de tours bien serrés. C'était contre l'usage de ce temps; car les spiraux étaient fort courts, et avaient à peine trois ou quatre tours. J'ai souvent employé pour des échappemens libres d'Arnold des spiraux de onze à douze tours, dont les grands arcs étaient plus prompts que les petits; ils n'étaient point encore assez longs pour être isochrones;

(1) Voy. ci-devant l'art. Jodin, pag. 47.

je parviens approximativement à les rendre tels en affaiblissant un peu le tour extérieur.

A la suite d'un long travail et de recherches profondes (1), F. Berthoud est parvenu à établir des principes certains sur les régulateurs des machines qui mesurent le temps, telles que les horloges astronomiques, montres et horloges marines ; il a le premier, dans son *Essai sur l'horlogerie*, publié ces principes jusqu'alors ignorés ; il a fait un très grand nombre de recherches et d'expériences dont nous nous bornerons à citer les principales. Sur les dilatations des divers métaux, etc., sur les divers moyens de suspendre un pendule, sur les résistances que le pendule éprouve de la part de l'air, etc., sur les diverses sortes d'échappemens, leurs frottemens, etc.

On lui est redevable de la théorie sur le balancier régulateur des montres, sur les frottemens de ses pivots, etc. ; sur les causes des variations dans les montres, et des moyens d'en compenser les effets de la température. Sa théorie sur l'isochronisme des oscillations du balancier par le spiral. Il a imaginé plusieurs instrumens ingénieux, tels qu'un pyromètre pour éprouver les pendules composés, etc. ; sa balance élastique, etc. ; enfin, on lui doit la méthode de suspendre le balancier des horloges marines par un ressort très flexible qui en soutient le poids, et réduit les frottemens à la plus petite quantité possible.

Il est aussi l'auteur de plusieurs inventions très utiles : ses horloges astronomiques à équation ; divers échappemens, entre autres l'échappement à vibrations libres qu'il a employé dans un grand nombre d'horloges et montres marines avec le plus grand succès, dont il a donné une notion en 1754 ; enfin, plusieurs instrumens destinés à perfectionner la main d'œuvre.

F. Berthoud est mort le 20 juin 1807, âgé de 80 ans.

Né à Paris, en 1717, Pierre Le Roy, fils aîné de Julien Le Roy, s'est rendu célèbre par la construction d'une montre marine, qui a remporté plusieurs fois le prix de l'académie des

(1) *Hist. de la mesure du temps*, tom. II, page 281.

Sciences ; il l'a décrite dans son *Mémoire sur la meilleure manière de mesurer le temps en mer, etc.* On lui doit aussi un échappement à vibrations libres et à détente, qu'il a employé dans cette montre.

Nous avons vu à l'article Dutertre, page 36, que des savans attribuèrent à Pierre Le Roy en 1748, l'invention de cet échappement ; il est bien vrai qu'en cette même année Pierre Le Roy présenta à l'académie des Sciences un échappement qu'il dit être à repos et à détente, et à vibrations libres, et que l'académie déclara que l'idée lui en paraissait neuve ; mais dans ses *Etrennes chronométriques* de 1759, Pierre Le Roy dit à ce sujet : « Ma pensée n'était pas aussi neuve que je me l'étais » figuré. MM. Dutertre fils, artistes recommandables à tous » égards, me montrèrent peu après un modèle de montre de » feu M. leur père. Ce modèle, fort différent de ma construc- » tion, est cependant le même quant au but qu'on s'y est pro- » posé ; le mouvement dans l'un et dans l'autre n'est restitué » au régulateur qu'à toutes les deux vibrations ; la liberté du » régulateur procurée dans l'échappement de M. Dutertre, par » une détente que forme un long levier arrêté pendant deux » vibrations par l'arbre du balancier, et mu par un ancre qui » lui était adapté, me semblait donc fort avantageuse, etc. » Dutertre paraît donc être l'inventeur du premier échappement à vibrations libres.

Une chose assez singulière dans l'échappement libre de Pierre Le Roy, c'est que la roue ne frappait pas, comme dans tous les autres échappemens, une palette ou une levée placée sur l'axe du balancier, mais le balancier lui-même ; une palette placée sur la circonférence ou serge du balancier recevait l'action de la roue toutes les deux vibrations ; cette roue arrêtée par une détente se trouvait dégagée au retour du balancier pour recevoir une nouvelle impulsion.

Pierre Le Roy déposa (1), le 18 décembre 1754, à l'acadé-

(1) Eclaircissement sur l'invention, etc., par F. Berthoud, page 58.

mie des Sciences, un paquet cacheté contenant le plan et la description d'une montre marine. Cette montre, dont l'aiguille des secondes sautait toutes les deux secondes et demie, ne devait marcher que six heures; l'échappement était à roue de rencontre et à remontoir; un pendule de six pouces de long, verticalement suspendu par un ressort droit réglant, long de cinq à six pouces, devait tenir lieu du spiral, et rendre isochrones toutes les vibrations du balancier; la lentille, un peu différente des autres par sa forme, et du poids de deux ou trois livres, était horizontale.

Pierre Le Roy n'exécuta point cette montre; il en fit une autre qu'il décrit dans son mémoire sur la *Meilleure manière de mesurer le temps en mer* (1). Il en supprima la fusée, la regardant comme désavantageuse et superflue; les vibrations sont d'une demi-seconde; elle va trente-huit heures; elle est à balancier suspendu par un fil de clavecin, et mu par un échappement à vibrations libres et à détente. Pour corriger les effets de la température, il emploie deux thermomètres appliqués à l'axe du balancier et deux ressorts spiraux isochrones.

Ici se présente naturellement une réflexion à l'égard de l'invention de l'échappement à vibrations libres. Si Pierre Le Roy avait inventé cet échappement en 1748, pourquoi, dans son projet de 1754, ne l'employait-il pas au lieu de celui à roue de rencontre? On voit que c'est après quinze années qu'il l'applique à sa première montre marine. Le 7 décembre 1763, il présente cette montre à l'académie, et il lui en présenta une seconde le 18 août 1764. Embarquées en 1767 sur une frégate (2) armée aux frais de M. le marquis de Courtanvaux, elles furent observées par MM. Pingré et Messier, et l'année suivante soumises à une nouvelle épreuve par M. Cassini fils, dans un trajet de quarante jours. Après ces deux épreuves, le

(1) Imprimé à la suite du voyage de Cassini, Paris, 1770.

(2) Cette frégate à laquelle on donna le nom de l'*Aurore*, partit du Hâvre au mois de mai 1767, et y rentra au bout de 46 jours.

prix proposé par l'académie fut accordé à Pierre Le Roy, afin, dit le rapport, « de l'encourager à de nouvelles recherches ; car » cette montre n'a pas encore le degré de perfection qu'on peut » y désirer, ayant avancé, étant à terre, assez brusquement » de onze à douze secondes par jour. » Romilly avait présenté au concours de 1767 une montre marine ; mais elle fut fracassée avant le départ par un astronome. F. Berthoud retira ses mémoires du concours ; Pierre Le Roy se trouva seul concurrent ; il fut encore seul au concours de 1769.

Un prix double fut de nouveau adjugé à la montre de Pierre Le Roy en 1773. Elle était à bord de la frégate la *Flore*, avec l'horloge n° 8 de F. Berthoud ; une montre marine de M. Arsandaux, et une horloge à pendule de M. Biesta, tous deux horlogers de Paris. Le rapporteur dit : « Que l'académie » ne croit pas devoir laisser ignorer au public qu'une montre » marine, désignée par le n° 8, et éprouvée aussi par ordre du » Roi, a paru mériter beaucoup d'éloges par la régularité de » sa marche ; mais que l'auteur ayant expressément déclaré » qu'il ne jugeait pas à propos de concourir, et n'ayant point » d'ailleurs fait connaître la construction de sa montre, elle a » cru devoir s'abstenir d'en porter aucun jugement relative- » ment au prix. »

Dans son *Mémoire sur la mesure du temps en mer*(1), Pierre Le Roy propose un balancier à lames composées pour corriger les effets de la température ; mais craignant que ce balancier ne changeât d'équilibre, et qu'il n'eût pas assez de solidité, il ne l'employa pas. Les horlogers anglais s'emparèrent de cette invention. Ce ne fut qu'en 1773 que F. Berthoud proposa son balancier à deux lames droites ; en 1787, il indiqua ce moyen en le perfectionnant pour les montres. Il avait eu la faiblesse de réclamer la priorité de cette découverte, prétendant qu'en 1754 il avait proposé ce balancier composé, sans en faire l'application ; mais il reconnut depuis, avec une noble franchise,

(1) Page 56, pl. 1re, fig. 4 et 5.

que l'invention en appartient incontestablement à Pierre Le Roy.

On attribue à Pierre Le Roy la découverte de l'isochronisme du ressort spiral ; nous avons vu à son article que F. Berthoud en a donné une théorie des plus claires et des plus savantes, et que le 10 février 1768, il l'avait présentée à l'académie des Sciences ; ce n'est seulement qu'en 1770 que Pierre Le Roy, dans son *Mémoire*, dit « qu'il y a dans tout ressort d'une étendue suffisante, une certaine longueur où toutes les vibrations grandes ou petites sont isochrones, etc. » « Quelle est, dit Berthoud, cette étendue suffisante ? quelle est cette certaine longueur ? c'est ce que Pierre Le Roy n'explique nulle part. » Si cette phrase contient le germe de la découverte de l'isochronisme du spiral, la première idée en appartient à Jean Jodin ; puisqu'il dit (1) « que l'augmentation de force motrice se réduit à opérer de plus grands arcs au régulateur ; mais l'isochronisme de ces arcs inégaux a lieu dans les ressorts spiraux, etc. » Si on cherche à prouver la priorité de la découverte par la première montre marine de Pierre Le Roy, dont l'épreuve a été faite en 1767, il ne faut pas oublier que plusieurs horloges de F. Berthoud avaient été éprouvées en 1764.

Pierre Le Roy est auteur de plusieurs écrits sur l'horlogerie : 1° *Exposé succinct des travaux de MM. Harrisson et Le Roy dans la recherche des longitudes en mer et des épreuves faites de leurs ouvrages*, 1768 ; 2° *Mémoire sur la meilleure manière de mesurer le temps en mer, qui a remporté le prix double au jugement de l'académie royale des Sciences*, 1770 ; 3° *Précis des recherches faites en France depuis l'année 1730, pour la détermination des longitudes en mer par la mesure artificielle du temps*, 1773. Dans ce dernier ouvrage, il cherche à établir sa priorité sur les recherches faites pour la détermination des longitudes en mer et sur l'iso-

(1) Page 48 de son Traité.

chronisme du spiral. F. Berthoud le réfuta dans les *Eclaircissemens sur l'invention, la théorie, la construction et les épreuves des nouvelles machines proposées en France pour la détermination des longitudes en mer*, etc., servant de réponse à un écrit qui a pour titre : *Précis des recherches*, etc. Ces deux ouvrages n'intéressent point la science. Pierre Le Roy a encore publié les *Etrennes chronométriques* de 1759. Cet ouvrage contient divers articles intéressans sur la mesure du temps. Il a aussi construit et exécuté en 1755 une pendule à sonnerie avec une seule roue. Cet habile artiste mourut à Vitry, le 25 août 1785.

Cassini, astronome distingué, l'arrière-petit-fils de celui à qui l'on est redevable du projet et de l'exécution de la belle carte générale de la France, fut en 1768 chargé de la seconde épreuve des montres marines de Pierre Le Roy; il partit du Hâvre sur la frégate l'*Enjouée*, capitaine M. de Tronjoly, pour aller relâcher à Saint-Pierre proche Terre-Neuve, de là passer à Cadix et aux côtes d'Afrique.

La même année, M. de Fleurieu, officier distingué de la marine, commandant la frégate l'*Isis*, fut chargé de faire l'épreuve des horloges marines n° 6 et n° 8, de F. Berthoud. Cette épreuve dura plus d'un an; elle commença à Rochefort le 10 novembre 1768, et fut terminée le 21 novembre 1769 dans le même port; nous avons rendu compte de leur marche à l'article de F. Berthoud.

M. de Fleurieu avait présenté en 1765 à l'académie des Sciences un projet d'horloge marine; mais il n'a jamais été exécuté.

En 1776, Borda savant géomètre, officier de marine, distingué dans les sciences physiques, fit un voyage aux côtes d'Afrique. Avec le secours de l'horloge marine n° 18, et de la montre marine n° 4 de F. Berthoud, il fixa la vraie position des lieux, depuis le cap Spartel jusqu'au cap Bayador, en y comprenant les îles Canaries.

En 1771, l'abbé Rochon, de l'académie royale des Sciences, fit un voyage à l'île de France; il se servit de l'horloge n° 6 de F. Berthoud, qui lui donna les longitudes avec la plus grande précision.

Vers 1772, Jean Arnold, très habile horloger anglais, se rendit célèbre par la construction de très bonnes montres de poche portant le balancier à compensation. Il paraît qu'aucun horloger avant lui n'avait exécuté ce balancier, dont l'invention appartient à Pierre Le Roy. Il a aussi construit et exécuté un grand nombre de montres marines, dont plusieurs ont servi dans le second voyage du capitaine Cook et du capitaine Vancouver. Il a perfectionné l'échappement à vibrations libres de F. Berthoud, en substituant un ressort de flexion à la place de celui porté par le cercle d'échappement. Tous les artistes le font ainsi actuellement pour les montres marines, montres d'observation et autres; parce que la détente manque souvent son effet par les secousses et la coagulation de l'huile.

Cet artiste aimait son art avec passion; il vit un jour une montre de Bréguet que le duc d'Orléans lui communiqua. Fort étonné de la beauté et de la perfection de cet ouvrage, il forma aussitôt le dessein de partir pour Paris. A l'instant il fit part de son projet à sa famille, et dès la même nuit il se mit en voyage. Il arriva chez M. Bréguet qui le reçut comme son enfant; et cette entrevue fut très favorable à l'art de l'horlogerie. Bréguet, reconnaissant dans Arnold un si grand talent, lui confia son fils qui passa plusieurs années en Angleterre auprès de ce grand maître.

Arnold (1), ayant remarqué que la marche de plusieurs chronomètres se trouvait affectée par la simple circonstance de la différence des métaux qui composent les ressorts spiraux, observa que deux chronomètres à spiral en or avaient constam-

(1) Cette note est tirée du Mémorial encyclopédique des connaissances humaines, n° 30, juin 1833. Nous ne savons s'il est fils ou neveu de Jean Arnold.

ment manifesté une tendance à une marche retardée, et que deux autres dont les spiraux étaient en acier trempé et recuit, avaient montré une disposition constante à accélérer leur marche. Ceux qui ne sont pas trempés sont dans le cas de la marche des spiraux en or. Arnold trouve que le spiral en or altère par son propre poids sa forme cylindrique, et change le centre de gravité du balancier ; et que d'un autre côté le spiral en acier est attaqué par le magnétisme, et se rouille facilement. Toutes ces considérations l'ont porté à chercher une matière légère non oxidable, d'une grande élasticité, et aussi peu dilatable que possible par la chaleur. Après bien des tentatives, il a construit des spiraux en verre. Les premiers essais lui ont donné les espérances les plus fondées qu'ils satisferont à toutes les conditions de la compensation avec plus de certitude que ceux de métal ; les modèles qu'il a déjà mis sous les yeux des curieux ont étonné par leur beauté et la régularité de leur courbure.

Dans la campagne de M. d'Estaing, vers 1780, Borda fit plusieurs observations de longitude avec l'horloge n° 10 de F. Berthoud, appartenant aux Espagnols.

Larcum Kendall, habile horloger de Londres, fut chargé par le bureau des longitudes en Angleterre d'exécuter une montre marine sur les principes de celle de Harrisson ; c'est cette montre qui fut remise au capitaine Cook dans son voyage autour du monde ; elle lui servit à fixer un grand nombre de longitudes. Cook en parle avec beaucoup d'éloges, et reconnait qu'elle lui a été d'une grande utilité.

Le capitaine Furneaux, commandant l'*Aventure* sous les ordres du capitaine Cook, avait à son bord deux montres marines d'Arnold ; toutes ces montres furent observées par MM. Wales et Bayley. Le troisième voyage de Cook ne fut point achevé ; il fut assassiné dans l'île Sandvich, le 17 février 1779.

Thomas Mudge, horloger anglais, fut nommé avec Larcum Kendall, en 1765, par les commissaires du bureau des longitudes pour recevoir les dessins et la description de la montre marine de Harrisson. Il est auteur d'un échappement libre à remontoir à roue de rencontre et à verge, ayant quatre spiraux ; deux pour l'échappement remontoir, et deux pour le balancier ; il est tellement compliqué qu'il est d'une exécution fort difficile, et que personne n'a été tenté de l'imiter. Il est décrit dans l'*Histoire de la mesure du temps*, tome 2, page 293, planche 15, figure 3. Mudge est aussi l'auteur de l'échappement libre à ancre que tous les artistes connaissent aujourd'hui ; c'est un très bon échappement, lorsqu'on a soin de le garnir en rubis.

Duplex, horloger anglais, est auteur de l'échappement qui porte son nom. Il est composé de deux roues ; une de repos, c'est la plus grande ; l'autre de levée, c'est la plus petite. La grande roue fait repos sur l'axe du balancier qui a une petite entaille parallèle à cet axe ; lorsque la dent de la roue d'arrêt ou de repos se trouve dans l'entaille, elle échappe ; alors la roue de levée frappe par une de ses dents une palette portée par l'axe du balancier au dessus de l'entaille, et lui donne l'impulsion. Il n'y a qu'une levée pour deux vibrations du balancier ; l'entaille occasione un léger recul aux roues ; mais il est à peine sensible sur une aiguille de secondes ; la levée ou palette du balancier doit passer juste entre deux dents de la roue, sans y raccrocher.

On l'exécute actuellement avec une seule roue, c'est celle de repos ; on conserve des chevilles triangulaires qui remplacent la roue de levée, et frappent la palette qu'on a soin de garnir en rubis, ainsi que la partie où se fait le repos. C'est un des meilleurs échappemens lorsqu'il est bien fait ; il est préférable à l'échappement à cylindre en pierre, il a moins de frottemens dans son repos et plus de force de levée ; les frottemens sont plus constans.

Un habile horloger de Vienne en Autriche inventa la montre qu'on appelle à secousses, et qui se remonte d'elle-même par l'agitation du porter ; cette montre fut introduite en

France, vers 1780. On attribue aussi cette invention à M. Perrelet, horloger de Neufchâtel en Suisse ; ces sortes de montres ne sont plus en usage.

Josias Emeri, horloger né en Suisse et établi à Londres, se montra fort habile dans la construction des montres de poche ; elles jouissaient d'une très grande réputation par leur parfaite régularité : on cite celle qu'il avait établie pour le président Sarron ; c'était un chronomètre à balancier à compensation, échappement libre, spiral cylindrique, etc. ; elle fut connue en France en 1782 : elle est actuellement au conservatoire des arts et métiers, à Paris.

Robert Robin, horloger de Paris, est auteur d'un *Mémoire* présenté à l'académie des Sciences, 1778, in-12, dans lequel il traite : 1° des propriétés du remontoir et de son exécution pour les pendules à ressort ; 2° d'un perfectionnement ajouté à l'échappement de Graham ; d'un quantième perpétuel d'une facile exécution et d'une grande sûreté dans ses effets, et où enfin il donne la description d'une pendule à remontoir, marquant le lever et le coucher du soleil, l'équation du temps, les phases de la lune, jours de la semaine, quantième perpétuel, etc.

En l'an II, Robin publia une brochure de 24 pages, contenant la description d'un échappement libre à détente à deux arrêts sans ressort, imaginé en 1791 ; cet échappement est à cercle, comme celui de F. Berthoud ; une détente arrête la roue, et lorsqu'elle est dégagée par un doigt fixé sur l'axe du balancier, elle frappe le régulateur par l'entaille faite au cercle ; cet échappement peut décrire près de deux tours.

Urbain Jürgensen, très habile horloger de Copenhague, publia, en 1805, les *Principes généraux de la mesure du temps par les horloges*, in-4° de 255 pages avec neuf planches. Dans cet excellent ouvrage, l'auteur donne les premiers principes de l'art de l'horlogerie, la description de l'échappement libre à ressort d'Arnold, l'échappement à force constante de M. Bréguet, et un autre échappement de ce genre dont il est lui-même l'inventeur ; le plan d'un balancier à compensation ; différentes méthodes de compensations sur le spiral ; celle de M. Bréguet, qui laisse plus ou moins de jeu au spiral entre la goupille de raquette et le compensateur ; celle de l'auteur qui allonge ou raccourcit le spiral dans les différentes températures ; le plan de l'échappement à cylindre en pierre imaginé par M. Bréguet ; le plan de celui à virgule, de celui à ancre libre de Mudge, un thermomètre métallique à lame composée, etc., etc.

Cet ouvrage, très intéressant, est fort instructif, soit pour les artistes et ouvriers, soit pour les amateurs de l'art de l'horlogerie.

Jürgensen est sans doute le premier qui ait exécuté des roues de cylindre en acier ; il rapporte dans son ouvrage, qu'il a remarqué qu'après deux ans de marche très régulière de ses montres à cylindre (car elles variaient à peine d'une minute par semaine), l'huile s'était conservée très pure et très fluide. Les vibrations étaient de 18,000 par heure.

Louis Berthoud, horloger de la marine de France, neveu de F. Berthoud, était né en avril 1755. Cet habile artiste a construit un très grand nombre de montres marines et de chronomètres, ainsi que plusieurs pendules astronomiques fort exactes. Celle que possédait M. de Fleurieu est une des meilleures qui soient sorties de ses mains ; elle donnait presque exactement le temps moyen ; tous les pivots de cette machine tournent dans des trous en rubis de la plus grande beauté et de la plus parfaite exécution. L'auteur de cet *Essai* a vu cette pendule chez M. Lenoir, ingénieur à Paris, qui l'avait acquise à la vente de M. de Fleurieu.

En 1812, Louis Berthoud publia une brochure de 127 pages, ayant pour titre : *Entretiens sur l'horlogerie*, à l'usage de la marine. Cet ouvrage, divisé en douze entretiens, est intéressant pour les artistes qui ont acquis un haut degré de perfection ; il y donne la marche de sa montre marine n° 14 pendant la campagne du contre-amiral d'Entrecasteaux envoyé à la recherche de La Pérouse, dans les années 1791, 1792 et 1793; celle de la montre marine n° 111, comparée à la pendule de M. de Fleurieu, et des réflexions sur la régularité de son mouvement, par M. de Rossel. En l'an X, une médaille d'or lui fut décernée pour une horloge astronomique. Louis Berthoud, mort le 17 septembre 1813, a laissé deux fils qui soutiennent avec éclat la haute célébrité de ce nom.

Antide Janvier, notre compatriote, horloger ordinaire du Roi, membre de l'académie des Sciences de Besançon, de l'athénée des arts, etc., s'est acquis une réputation par la connaissance des mouvemens des corps célestes qu'il a représentés avec la plus grande précision dans plusieurs sphères mouvantes.

Né en 1752 à Saint-Claude dans le Jura, Antide Janvier s'appliqua de bonne heure à l'étude des mathématiques qu'il cultiva avec succès, et en même temps à l'art de l'horlogerie dans lequel il fit de tels progrès, qu'à l'âge de 14 ans (en 1766), il composa une sphère céleste, où il représentait par des rouages un système d'astronomie. Cette machine fut reçue avec éloge par l'académie des Sciences de Besançon, qui en fit un rapport à la date du 24 mai 1768 (1).

En 1770, il composa, pour l'instruction publique, un grand planétaire de trois pieds de diamètre, représentant les inégalités des planètes, leurs excentricités, la rétrogradation des points équinoxiaux, etc. Les révolutions des satellites de Jupiter et de Saturne étaient représentées par des rouages renfermés dans le globe de chacune de ces planètes.

Pour la facilité de l'enseignement, on faisait mouvoir cette machine avec une manivelle qui, en tournant à droite, donnait par chaque révolution la vitesse d'un jour, et tournant à gauche donnait celle d'une année, toujours selon l'ordre des signes.

(1) Notice des principaux ouvrages composés par A. Janvier.

Au mois de novembre 1773, il présenta à Louis XV cette machine perfectionnée et réduite à dix pouces de diamètre.

En 1780, il construisit une sphère d'une simplicité remarquable pour démontrer la manière dont se composent les jours solaires vrais et les jours moyens.

En 1784, il présenta à Louis XVI deux sphères mouvantes. Ces machines, réduites à quatre pouces de diamètre furent approuvées avec distinction par MM. Lalande, Bailly et Lemonnier.

En 1786, il composa une petite horloge publique à équation et à remontoir. Par la disposition de cette machine, le remontoir était seul chargé de la conduite des aiguilles au dehors, et de lever les détentes de sonnerie : c'est la première construction de cette espèce.

En 1787, il composa une machine à marées qui, sans le secours des tables et calculs, indiquait par le moyen de l'horlogerie l'heure de la haute et basse mer pour 80 ports des principaux lieux de la terre, avec toute la précision dont ce phénomène est susceptible. M. de Breteuil, alors ministre de Paris, en ordonna l'exécution.

En 1789, il présenta à l'académie royale des Sciences la pendule planétaire qui existe au palais des Tuileries. L'académie dans son rapport s'exprime ainsi à l'égard des mouvemens de la lune et des nœuds par rapport au soleil : « M. Janvier a combiné » ces mouvemens avec tant de sagacité, qu'il a reconnu et cor- » rigé l'erreur des astronomes qui donnaient 48′ 45″ 7 pour le » retardement diurne de la lune; il l'a fait avec raison de 50′ 28″ » 33, parce que ce n'est pas à midi que le retardement de la lune » doit se compter, c'est à l'heure de son passage au méridien. »

En 1800 (11 pluviose an 8), il présenta à l'Institut une sphère mouvante, l'une de ses premières conceptions. M. Delambre en fit un rapport à la classe des sciences physiques et mathématiques.

En 1802, il soumit à l'examen du jury national pour les produits de l'industrie française une horloge à sphère mouvante et à planisphère. Le mouvement de cette machine est une véritable horloge marine de grande dimension ; la description en a été publiée dans l'*Histoire de la mesure du temps* par F. Berthoud, tome II, page 207.

En 1806, il a exposé à l'hôtel de l'administration des ponts et chaussées la première pendule à équation par les causes qui la produisent. Cette composition originale, d'un genre absolument neuf, fut approuvée par l'Institut, dans sa séance du 31 janvier 1800.[1]

A l'exposition de 1806, M. Janvier obtint une médaille d'or et le rappel de cette médaille à l'exposition de 1823. Le jury dans son rapport s'exprime ainsi : « En reconnaissant qu'il est » de plus en plus digne de cette récompense, le jury croirait » ne lui avoir rendu justice qu'à moitié, s'il n'ajoutait pas que, » par son influence et par ses conseils désintéressés, M. Janvier rend journellement des services signalés à ses jeunes » émules. Personne n'est plus érudit que lui ; en traduisant » les ouvrages des plus grands maîtres, il a fourni aux horlogers peu versés dans la connaissance des langues anciennes les » moyens d'étudier ces ouvrages ; il calcule la denture des » rouages pour tous ceux à qui les mathématiques ne sont pas » familières ; il est le conseil et l'appui de tous les jeunes artistes doués de quelque talent, et ce qui n'est pas moins utile, » leur censeur sévère quand ils s'égarent. Le jury pense que » personne n'a plus contribué que M. Janvier à porter » l'horlogerie française à l'état de prospérité où elle est actuellement parvenue. »

En 1810, M. Janvier a publié les *Etrennes chronométriques* pour 1811 ; réimprimé en 1815 avec quelques modifications sous le titre de *Manuel*. Ces éditions étant épuisées, il publia en 1821 le *Manuel chronométrique*, ou précis de ce qui concerne le temps, ses divisions, ses mesures, leurs usages, etc. En 1811, il publia une brochure in-8° de 56 pages, ayant pour titre : *Essai sur les horloges publiques* pour les communes de la campagne, avec trois planches. En 1812, des *Révolutions des corps célestes par le mécanisme des rouages*, in-4° de 126 pages, avec huit planches. La première partie de cet ouvrage contient sa traduction française du planétaire d'Huygens; et la seconde, la description d'un planisphère représentant le mouvement apparent des planètes à l'égard de la terre. Dans les 3e, 4e et 5e parties, M. Janvier décrit une machine planétaire plus complète que toutes celles qui ont été exécutées jusqu'à ce jour ; la construction d'un jovilabe, le rapport de l'Institut sur une sphère mouvante présentée par cet artiste en 1800, et la description d'une autre sphère mouvante plus simple et plus exacte que celle dont il est question dans ce rapport ; nous ne connaissons aucun autre ouvrage de ce savant.

M. L. Bréguet, membre du bureau des longitudes et de l'académie royale des Sciences de Paris, chevalier de l'Ordre royal de la Légion-d'Honneur, s'est rendu très célèbre par un grand nombre d'inventions et de perfectionnemens utiles dans l'art de l'horlogerie ; il a construit et exécuté beaucoup de chronomètres et de montres marines dont la régularité a été constatée par plusieurs voyages en mer ; il est auteur d'un chronomètre musical, d'une horloge qui règle une montre, d'un échappement libre à force constante, et des montres à tourbillons; c'est un mécanisme adapté aux montres de poche, afin de les régler dans toutes les positions et inclinaisons. Le balancier tourne sur lui-même ainsi que la roue d'échappement, en une minute de temps; de sorte que toutes ses parties se trouvent alternativement dans la ligne verticale et horizontale ; et si le balancier change d'équilibre, cela n'influe en rien sur la régularité de la machine.

M. Bréguet a enrichi le commerce de l'horlogerie, la navigation, l'astronomie et la physique, d'une multitude de procédés nouveaux ; il est le premier en France qui ait travaillé les pierres précieuses à l'usage des montres, les trous en rubis, et surtout les cylindres en rubis, qui étaient d'une construction différente de ceux qu'on exécute aujourd'hui. Ceux-ci offrent plus de solidité et de facilité dans l'exécution.

M. Bréguet a perfectionné et simplifié toutes les branches de son art; les plus importantes sont celles qui lui doivent le plus. Dans ses dernières montres marines, il a supprimé la fusée et employé des ressorts d'un grand nombre de tours. Les tours moyens sont assez égaux en force pour faire marcher ses machines uniformément, ayant des spiraux bien isochrones; le parachûte et le compensateur dont on garnit les coqs des montres à la Lépine, ainsi que le char qui sert à rapprocher et à former convenablement l'échappement à cylindre, sont les fruits de son invention.

M. Bréguet a construit des horloges astronomiques doubles; un seul poids moteur exerce son action sur deux rouages, deux échappemens qui mettent en mouvement deux pendules à compensation ayant chacun leur suspension au même support; ils sont l'un devant l'autre, et font perpétuellement les mêmes vibrations en sens contraire, et se croisent; de sorte que lorsqu'un pendule vibre à droite, l'autre vibre à gauche par l'effet de la suspension. M. Bréguet m'a fait voir cette belle machine.

Les ressorts-timbres que l'on emploie maintenant dans toutes les répétitions à la Lépine, ou montres ordinaires, sont encore dus à cet habile artiste; ce sont les ressorts-timbres qui ont donné lieu à l'invention et à la fabrication des boîtes à musique, qui a pris naissance à Genève, et qui s'est répandue dans toute la Suisse. M. Bréguet a encore inventé un compteur qu'il place dans une lunette astronomique; cette machine est un mouvement de montre dont le balancier fait dix vibrations par seconde, et marque les dixièmes de secondes. J'ai vu cette machine isolée, puis placée dans la lunette; tout en observant l'astre, on peut compter le temps en secondes et en dixièmes de de secondes. M. Bréguet, dont l'extrême bonté était connue de tous ceux qui ont eu le bonheur de l'approcher, n'avoit rien de caché pour ses ouvriers ni pour les artistes qui montraient quelque talent; il ne pensait qu'au perfectionnement de son art, et il était très communicatif; il me fit voir sa montre à tourbillons, plusieurs balanciers à compensation, en me faisant remarquer ceux qu'il préférait : une pendule à laquelle était adapté son échappement à force constante, dont le régulateur recevait l'action par le centre de sa lentille; plusieurs thermomètres d'une sensibilité extrême, dont la lame épaisse d'environ un quarante-huitième de ligne, est pliée en hélice ou en forme de tire-bourre, composée d'or, d'argent et de platine; l'extrémité supérieure est fixée à un point d'appui, et l'inférieure porte une aiguille qui marque les degrés de la température sur un cadran divisé; il suffit d'approcher la main pour faire tourner l'aiguille. On doit encore à M. Bréguet un chronomètre dont l'aiguille de secondes, au moyen d'une détente qui la presse, marque sur le cadran le moment de l'observation, sans troubler sa marche.

On voit une autre machine ingénieuse de M. Bréguet sur l'escalier du Conservatoire des arts et métiers; c'est une lentille suspendue à une verge de pendule, et vibrante sans aucun agent extérieur. La puissance qui la met en mouvement se trouve dans l'intérieur de la lentille : ce sont quatre barillets tournans qui engrènent dans deux pignons portant leurs roues appelées roues de temps; elles conduisent la roue du centre, qui fait son tour en une heure; l'échappement est à chevilles, et met en vibration un petit pendule renfermé dans la lentille. C'est par le changement de centre de gravité de ce court pendule, que toute la machine se maintient en oscillation; la lentille porte un cadran sur lequel les aiguilles marquent les heures, minutes et secondes; un autre cadran se réfléchit dans une glace, et marque les quantièmes du mois. La correction des effets de la température s'opère par la verge du pendule, com-

6

posée de plusieurs lames bi-métalliques fixées les unes aux autres en sens contraire.

M. Bréguet était doué d'un génie inventif, de beaucoup de conceptions et de goût, et surtout d'une belle main-d'œuvre. Ses talens distingués lui ont mérité, aux différentes expositions, la médaille d'or et la décoration de la légion-d'honneur. Cet excellent homme, ce célèbre artiste a terminé une si illustre carrière, le mercredi 17 septembre 1823, à quatre heures du matin, âgé de 77 ans, justement regretté et pleuré de tous ses ouvriers et de ceux qui l'ont connu.

M. Bréguet, fils, qui s'est perfectionné à l'école d'Arnold, soutient aujourd'hui le nom célèbre de son père. Il a obtenu une médaille d'or à l'exposition de 1827, pour des chronomètres à l'usage de la marine, qui ne coûtent que mille francs.

F. Houriet, du Locle, horloger très distingué de ce pays, est auteur du spiral sphérique isochrone. J'ai vu entre les mains de M. Laresche, horloger de Paris, un chronomètre construit par M. Houriet, réglé par un spiral de ce genre; il est de la plus parfaite exécution, et de la plus grande régularité.

M. Pecqueur, à Paris, a présenté, à l'exposition de 1823, 1° une pendule à temps moyen et à temps sidéral; chacun des temps a son moteur, son rouage et son régulateur; les deux systèmes sont réunis par un rouage correcteur, dont les centres des roues dentées se déplacent, afin de mettre en harmonie les deux temps. Il a construit aussi une pendule qui règle une montre en peu d'heures. M. Pecqueur a obtenu, en 1819, une médaille d'argent, et une médaille d'or en 1823.

M. Wagner, horloger à Paris, a construit d'excellentes horloges publiques, d'un beau travail et d'une exécution très soignée; il a exposé en 1827 une belle horloge dont la cage est en cuivre, les arbres et les pignons en acier fondu; les pivots tournent dans des trous en acier trempés très dur, et parfaitement polis. Elle sonne les heures et les quarts; l'échappement est à remontoir, ou à force constante par des roues et engrenages remontant le poids moteur qui agit sur l'échappement. Il a inventé aussi un mécanisme destiné à faire mouvoir un grand phare lenticulaire ; cet appareil tourne régulièrement et sans secousse, quoique chargé d'un poids énorme. Il a imaginé des procédés pour tailler avec une grande régularité les roues dentées dont l'emploi a puissamment contribué par la précision des engrenages à l'amélioration et à la perfection des filatures. Il a obtenu une médaille d'argent à chaque exposition de 1819, 1823 et 1827.

M. Lepaute fils, horloger à Paris, est cité pour sa construction d'excellentes pendules astronomiques ; il a imaginé un moyen pour garantir les ressorts de suspension contre tous les mouvemens brusques qu'on pourrait donner au pendule ; il a construit aussi une grande horloge à équation et à sonnerie d'heures et de quarts ; l'exécution de cette pièce est aussi parfaite que dans les plus belles pendules astronomiques ; l'échappement est celui de Graham ; cette belle horloge est placée à la Bourse. M. Lepaute fils a obtenu une médaille d'argent en 1819, et un diplôme de rappel en 1823.

M. Perrelet, horloger à Paris, a construit une pendule astronomique à temps moyen et à temps sidéral, donnant l'un et l'autre les heures, minutes et secondes ; chaque temps a son rouage particulier et le même moteur pour les deux ; elle est réglée par un échappement et un pendule. La communication entre les deux rouages s'établit à l'aide d'un seul axe terminé par deux roues en couronne, afin que les aiguilles des heures, minutes et secondes des deux temps soient continuellement tendues par le poids moteur. Le pendule porte une compensation à levier par deux tiges de zinc, qui appuient sur deux leviers qui remontent ou baissent la lentille dans les diverses températures ; on règle la compensation au plus près par le moyen d'une vis à double filet, qui approche ou éloigne les tiges de zinc qui pressent sur les leviers, et leur donnent plus ou moins d'effet ; la tige du centre est en acier.

M. Perrelet a imaginé un compteur propre à évaluer les dixièmes de seconde dans les observations astronomiques, et un balancier à compensation pour les montres, moins susceptible de se déformer par la force centrifuge. Il a obtenu une médaille d'argent en 1823, et une d'or en 1827.

MM. Berthoud frères, fils de Louis Berthoud, se sont distingués dans la construction des montres marines et chronomètres dont la marche a été fort régulière; celle du n° 179, comparée pendant trois mois avec la pendule sidérale de l'observatoire, n'a donné, pendant quelques jours seulement, qu'une variation diurne d'une seconde, et plus souvent elle a été moindre. MM. Berthoud ont obtenu une médaille d'argent à chaque exposition de 1823 et 1827.

M. Rieussec est auteur d'une montre qu'il appelle un chronographe; elle marque le moment d'une observation, au moyen d'un bouton qu'on presse avec le doigt; une petite pointe ou une plume garnie de noir à l'huile, marque la seconde et sa fraction sur un cadran mobile. Il présenta le 23 septembre 1821 cet instrument à M. le préfet de la Seine, qui s'en servit le même jour aux courses de chevaux. Le procès-verbal du jury des courses constate que : « l'idée de ce procédé est un trait de » génie; que l'instrument est de la plus grande simplicité; qu'il » remplit si parfaitement sa destination, que les observations s'y » trouvent écrites, sans que l'observateur ait été obligé de per- » dre de vue les coureurs. » M. Rieussec a construit aussi plusieurs pendules astronomiques très exactes. Une médaille de bronze lui a été décernée en 1823.

M. Duchemin, horloger de Paris, exécute des montres marines dont le balancier compensateur est différent de ceux qu'on emploie ordinairement. Ses rayons sont composés de cuivre et de zinc, et l'extrémité de chacun d'eux est garnie parallèlement à l'axe, d'une tige au bout de laquelle est une boule se vissant sur cette tige, de sorte que la chaleur ou le froid courbant les rayons du balancier, les boules se rapprochent ou s'éloignent de l'axe, et opèrent la correction de la température. M. Duchemin a imaginé un moyen pour donner au balancier le même nombre d'oscillations dans toutes les positions. Il a incliné les plaques sur lesquelles tournent les pivots du balancier ; le résultat de ses expériences a donné 340 oscillations dans la position horizontale et dans un temps déterminé, 368 sous l'angle de 45°, et 340 dans la position verticale. Ce même balancier, monté à la manière ordinaire, donnait 1160 oscillations dans la position horizontale, 420 sous l'angle de 45 degrés, et 340 dans la position verticale.

M. Duchemin a employé des roues de rencontre en acier pour conserver les verges dans les montres, et empêcher qu'elles ne se creusassent. Cette idée est bonne, mais elle n'est pas nouvelle ; on a vu des montres à réveil construites au 16e siècle dont la roue de rencontre, et même celle de champ du réveil, étaient en acier ; il y a plus de 25 ans que je les ai employées dans des montres à échappement à repos de Flamenville décrit dans Thiout, dont la verge est à rouleau et entaillée parallèlement ; les rouleaux se sont fort bien conservés. Depuis longtemps aussi on fait les roues de cylindre en acier, et le temps a prouvé que les cylindres se conservent très bien. M. Duchemin a obtenu une médaille d'argent en 1823, et le rappel de cette médaille en 1827.

M. Laresche, horloger à Paris, a inventé de petits appareils qui s'adaptent à toutes sortes de montres, afin de servir de réveil. On pose sa montre dans une espèce de cuvette attachée à l'appareil ; elle est placée librement sur son fond, la lunette du cadran ouverte ; on introduit sur le carré de l'aiguille des minutes une espèce de canon qui correspond avec le réveil ; à mesure que les aiguilles tournent, le réveil se prépare, et il part à l'heure indiquée : cette idée n'est pas nouvelle ; d'anciens horlogers l'ont pratiquée avant lui.

M. Laresche a aussi imaginé un mécanisme indiquant dans les pendules à équation les années bissextiles et l'heure du lever et du coucher du soleil. Sur le rapport de M. Francœur, la société d'encouragement a approuvé cette machine. Les pendules de M. Laresche sont aussi fort bien exécutées. Il a construit un instrument propre à mesurer la dilatation des métaux. Il prépare avec le plus grand succès l'huile pour l'horlogerie ; et la société d'émulation de Rouen lui a décerné pour cet objet une médaille d'or. Le jury central lui a décerné une médaille de bronze en 1823, et une d'argent en 1827.

M. Révillon, de Màcon, a présenté des horloges publiques à leviers excentriques bien exécutées. Une médaille de bronze lui a été décernée en 1823, et une d'argent en 1827 pour d'autres produits.

M. Pons, chef de la manufacture de St.-Nicolas, d'Alihermont, s'est fait distinguer par la bonté et le fini de ses mouvemens de pendules, qui sont les meilleurs et les plus recherchés dans le commerce. Il a construit aussi des horloges astronomiques avec échappement libre à remontoir, et des montres marines. Il a aussi inventé plusieurs échappemens très ingénieux. Le jury central lui a décerné une médaille d'argent en 1823, et une médaille d'or en 1827.

M. Hanriot, de Baume-les-Dames, a obtenu une médaille de bronze en 1823, pour les beaux produits en horlogerie de l'école royale de Châlons-sur-Marne, dont il était le directeur, et en 1827 un diplôme de rappel pour une pendule à échappement nouveau.

M. Motel, horloger de la marine, a exécuté des pendules astronomiques, montres marines et chronomètres d'une grande précision et d'une grande perfection de main-d'œuvre; il peut être placé au premier rang des artistes de ce genre. Il a obtenu une médaille d'argent à l'exposition de 1827.

M. Raingo a construit et exécuté un grand nombre de pendules à mouvemens célestes. Il est breveté pour une pendule à sphère mouvante. Tous ses ouvrages se font remarquer par le goût et l'élégance, et ce qui est plus utile encore, par l'exécution la plus soignée.

M. Deshays s'est distingué par un régulateur très ingénieux et d'une belle exécution, auquel est appliqué un échappement nouveau bien conçu. Le jury lui a décerné une médaille d'argent en 1827.

On peut citer avec éloge, pour la belle exécution de l'horlogerie, sa précision et sa perfection, MM. Lory, Castille, Robin, Garnier, Gravant, etc., etc. Tous ces habiles artistes ont obtenu à diverses expositions des produits de l'industrie française des médailles de bronze et d'argent.

L. Perron, né à Besançon, le 17 février 1779, se livra de bonne heure à l'étude des sciences et à l'art de l'horlogerie. Sorti d'apprentissage en 1793, à l'âge de 14 ans, il composait et exécutait des montres à secondes, indiquant les quantièmes du mois et de la lune, les jours de la semaine, etc. Plusieurs de ces montres furent vendues en Espagne, et à Buenos-Ayres. Il supprima la couronne qu'on plaçait sur la tige de la roue d'échappement pour faire battre les secondes fixes. Il prolongea les ailes du pignon de cette dernière roue; un petit volant, dernier mobile conduit par un rouage indépendant, ou par un remontoir, portait un bras, s'arrêtait contre ce pignon, marchait avec lui pendant deux ou trois vibrations du balancier, et échappait; alors l'aiguille des secondes passait d'une division à l'autre sur le cadran; ce bras tombait de nouveau sur l'aile du pignon, et, à chacun de ses tours, donnait un seconde fixe à l'aiguille.

En 1798, il imagina un échappement libre à plans inclinés, dont la roue était plate et les dents pleines, terminées en plans inclinés comme ceux de la roue de cylindre (c'est cet échappement qui en donna l'idée); une pièce intermédiaire communiquait l'impulsion au régulateur par le moyen d'une fourchette qui frappait une palette portée par l'axe du balancier; les extrémités opposées portaient à chaque bras une goupille en or ou en acier; les plans inclinés de la roue agissaient sur ces goupilles, et formaient la levée. Cette pièce était fixée sur une tige dont les pivots roulaient dans les platines : par la marche de cet échappement, il n'y avait que les goupilles qui pussent s'user, et tous les horlogers pouvaient les remettre facilement.

Cet échappement fut appliqué à une montre simple vendue à un marchand qui voyageait en Suisse, où peu de temps après il y fut imité, ainsi qu'à Besançon, par différens ouvriers à qui l'auteur l'avait communiqué. Cet échappement, ainsi que celui à ancre de Mudge, qu'on employait à cette époque, fut bientôt abandonné pour celui à cylindre en pierre.

En 1808, il composa le plan d'une horloge astronomique à équation, à secondes et à planisphère mouvant, donnant la révolution de toutes les planètes, jusqu'à celle d'Herschel. Il calcula les nombres de dents des roues et des pignons à employer pour les révolutions de toutes les planètes et de leurs satellites. En 1810, il présenta le plan de cette machine à l'académie des Sciences de Besançon, avec le calcul des nombres pour les révolutions de toutes les planètes. L'académie nomma deux commissaires, MM. Lempereur et Requet, pour en faire le rapport; et M. Grapin, secrétaire perpétuel, après avoir donné une analyse de ses fonctions et révolutions, en rend compte de la manière suivante :

« Vos commissaires n'ont pas vu sans étonnement les divers » mécanismes conçus par l'ingénieux artiste pour diminuer le » nombre des rouages, simplifier la machine et en rendre la » marche plus régulière. Ils ont admiré les grands calculs faits » par cet infatigable jeune homme pour déterminer avec préci- » sion le nombre et la denture des roues et des pignons. On se » formera une idée du travail de M. Perron, si l'on considère » que le célèbre Passemant, auteur de la belle horloge à planis- » phère mouvant, que l'on voit encore au château de Versailles, » a mis vingt ans à calculer les diverses roues de sa machine.

» L'académie, en applaudissant au plan de M. Perron, et » en payant à ses conceptions le tribut d'éloges qui leur est dû,

» l'invite à les réaliser et à justifier les espérances que donnent » ses talens. »

L. Perron obtint encore d'autres succès qui le firent nommer en 1811 membre de la société d'agriculture, arts et commerce du département du Doubs; et en 1814 membre de la société d'encouragement pour l'industrie nationale.

En 1817, il construisit dix-huit montres de marche pour le gouvernement de Russie. Ces montres donnaient le pas accéléré à raison de 110 battemens par minute, et le pas ordinaire à 75 battemens dans le même temps; elles étaient toutes à échappement à vibrations libres de F. Berthoud, pour le pas accéléré; et à cylindre, ou à échappement à la Duplex, pour le pas ordinaire. L'une de ces montres, destinée à l'empereur Alexandre, et qui devait servir de terme de comparaison, donnait 108 battemens pour le pas accéléré. Les autres de 110 battemens étaient destinées au général comte de Woromzof, aux aides de camp de l'Empereur, et aux autres officiers supérieurs de l'état-major.

Il est peu d'horlogers amateurs de leur art qui n'aient pensé, dans le cours de leur vie, à la construction de machines propres à mesurer le temps en mer. L. Perron voulut tenter un essai. En 1819 il construisit sa première montre marine: le balancier tournant entre six rouleaux portait trois lames composées pour la correction des effets de la température, avec les masses compensatrices, et trois masses réglantes en platine; l'échappement était celui de F. Berthoud, à vibrations libres; cette montre fut vendue à un riche propriétaire de Paris qui la fit voir à M. Bréguet dont elle reçut les suffrages.

Enhardi par ce premier succès dans cette carrière difficile, il construisit d'autres montres marines ou chronomètres, ainsi que des montres à secondes fixes à remontoir, ou à force constante; dans celles-ci il supprima le rouage indépendant et son moteur, et il établit une force constante ou remontoir sur la roue de secondes qui devenait la motrice des secondes fixes;

l'aiguille partait et s'arrêtait à volonté au moyen d'une détente. Un négociant de Gênes, à qui l'auteur fit voir ces sortes de montres à Besançon, lui en commanda une pour un prince Turc ; elle est à double boîte, et les chiffres du cadran sont en caractères turcs (1).

M. Bréguet, à qui je présentai cette invention appliquée à deux montres, s'empressa d'en faire l'acquisition ; il me commanda aussi plusieurs montres à doubles secondes. Ce fut sans doute un encouragement que cet excellent homme voulut donner au zèle que je montrais pour les progrès d'un art qu'il cultivait d'une manière si distinguée. Il m'est sans doute très glorieux de pouvoir dire que M. Bréguet m'honorait de son estime et de son amitié ; si j'ai dans la suite obtenu quelques succès, si j'ai pu rendre mes ouvrages moins imparfaits, c'est uniquement à ses conseils que j'en suis redevable. Qu'il m'eût été doux de payer à ce grand maître le tribut de ma reconnaissance pour les leçons qu'il a bien voulu me donner ! mais hélas ! je n'ai à offrir à sa mémoire que des larmes, et des regrets qui dureront autant que ma vie.

L. Perron imagina, en 1817, un compensateur à lame bimétallique circulaire sur le spiral, avec lequel on peut corriger au plus près les effets de la température par le moyen d'un curseur qui coule le long de la lame ; de sorte que si la compensation a trop d'effet, on raccourcit la lame au moyen de ce curseur. Ce système de compensation approuvé par la société d'encouragement est décrit et gravé dans le *Bulletin* du mois de juillet 1821.

Ce compensateur que L. Perron avait appliqué aux pendules, est cité dans le *Manuel de l'Horlogerie* sous le nom d'un autre horloger à qui l'auteur l'avait fait voir quelques années auparavant ; il n'a pas cru devoir revendiquer cette invention,

(1) La plupart des produits de cet artiste ont été vendus hors de son pays.

l'objet n'en valait pas la peine; mais à l'inspection on reconnaît bien son compensateur circulaire, dont la description sera donnée ci-après.

En 1820, ce même artiste composa et exécuta une pendule astronomique et à planisphère mouvant indiquant le lever et le coucher du soleil, les phases de la lune, son âge, son passage au méridien, les mois, le quantième perpétuel, l'entrée du soleil dans les signes du zodiaque, son ascension droite, l'équation du temps, le temps sidéral, le millésime disposé pour 100 ans, les années communes et bissextiles, les jours de la semaine, etc. Cette machine est réglée par un pendule à compensation. Pour le vérifier l'auteur fit un pyromètre mesurant la 720me partie d'une ligne qui lui servit à éprouver son pendule depuis 27° de chaleur jusqu'à 5° de froid du thermomètre Réaumur, et il réitera ses expériences jusqu'à ce qu'enfin le pendule exposé à la même température ne fit décrire à l'aiguille du pyromètre que de trois à sept 720me de ligne.

L'échappement est garni en rubis, les pignons sont bien nombrés, et les frottemens très réduits. Cette pendule marche avec une régularité très satisfaisante, et sa variation annuelle est d'environ 20″ à 30″. L'*Annuaire du département du Doubs* de 1827 donne le tableau de sa marche depuis le 14 février 1824 jusqu'au 15 octobre 1826. On voit que le 3 février 1825, elle avoit avancé de 37″, que le 16 février 1826 son avance était d'une minute 10″, et qu'au 15 octobre l'avance totale était d'une minute 9″ après deux ans et 8 mois.

Cette pendule fit partie de l'exposition des produits de l'industrie française en 1823, ainsi que plusieurs chronomètres, et montres d'observations qui méritèrent à son auteur les éloges du jury central qui lui décerna une médaille en bronze.

Dans cette pendule il existe deux roues pour les mouvemens astronomiques, dont les nombres se trouvent rarement sur les machines à fendre, 63 et 83. Toute roue d'un nombre impair peut être taillée sur le nombre pair le plus rapproché. J'ai imaginé un moyen assez facile pour les tailler sur les nombres 64 et 84.

Pour tailler la roue en 83, il suffit d'ôter par le moyen de l'alidade la 84me partie de chaque dent. La roue étant sur son tasseau prête à être taillée; je plaçai la pointe de l'alidade sur le point du nombre 84; la plaque du diviseur étant parfaitement fixe, j'amenai la pointe de l'alidade sur le second point de ce nombre au moyen de l'écrou qui est à son autre extrémité, je comptai le nombre de tours et sa fraction de tour; je trouvai 5 tours $\frac{1}{4}$; je cherchai un nombre qui, multiplié par 5 tours et $\frac{1}{4}$, donne à peu près 84. 16 est celui qui convient; car 5 fois 16 font 80; le $\frac{1}{4}$ de 16 est 4, voilà donc 84; j'ajustai une roue de 16 dents taillée en rochet sur la partie fixe de l'alidade, je mis sur l'écrou un index qui entre dans les entailles de ce rochet et je taillai la première dent; je changeai l'alidade d'un point pour tailler la seconde, je tournai l'écrou d'une division du rochet, et j'y plaçai l'index; de sorte qu'ayant opéré de la même manière à chaque dent que je taillais en faisant tourner le diviseur en sens rétrograde, j'eus 83 dents, parce qu'à chaque dent que je taillais, je l'augmentais d'un 84me. En opérant dans le sens direct j'aurais eu 85 dents, parce qu'en ôtant un 84me à chaque dent, on a un tout, pour faire la 85me. On opère ainsi pour tous les nombres; comme on l'a vu il faut compter exactement les tours de l'écrou, chercher le nombre le plus approchant qui, multiplié par ses tours et sa fraction s'il y en a, donne à peu près celui des dents qu'on veut mettre à la roue.

On suppose qu'avec une autre machine à fendre, il faille 4 tours et $\frac{1}{2}$ de l'écrou pour que la pointe de l'alidade passe d'une division à l'autre du nombre 84; on prend alors le nombre 18 qui multiplié par 4 donne 72, et 9 pour le demi-tour fait 81. Il faut alors prendre le nombre 82 qui est le plus près de 83, mettre un rochet de 18 dents sur l'alidade, et opérer comme il a été dit; j'ai expliqué ce mécanisme à plusieurs artistes, et je désire qu'il soit connu de tous.

Encouragé par ses succès, et par les récompenses qu'il obtint, L. Perron redoubla de zèle et d'activité pour perfectionner les différentes parties de son art. Il imagina un échappement libre et à force constante ou à remontoir qu'il appliqua à une montre marine ; dans cette machine, la force motrice ne sert qu'à remonter, au moyen du rouage, la puissance qui met en jeu l'échappement. La roue d'échappement agit sur une détente 150 fois par minute, en remontant un ressort cylindrique fixé sur l'axe de cette détente dont un des bras frappe le régulateur chaque fois que le ressort est remonté. La force avec laquelle ce régulateur est frappé, étant constamment la même, les arcs décrits par le balancier sont toujours de même étendue et d'égale durée, et conséquemment isochrones.

Cette machine fit partie de l'exposition des produits de l'industrie en 1827 ; elle éprouva, soit dans le voyage, soit dans la salle où elle était placée, de grandes avaries ; le trou foncé en rubis placé au coq fut cassé ainsi que le pivot du balancier à compensation dont les lames furent faussées, et l'échappement tout-à-fait dérangé.

Un mouvement de chronomètre à répétition fit aussi partie de l'exposition, ainsi que des montres d'observations qui méritèrent à son auteur le rappel de la médaille de bronze qui lui avait été décernée en 1823, et le diplôme de présentation au roi.

Il avoit fait précédemment une montre d'observation à échappement à cylindre en pierre, six trous en rubis, à laquelle il avait appliqué son compensateur circulaire à curseur pour corriger les effets du chaud et du froid. Cette montre fut vendue à un officier de marine de Besançon qui s'embarqua pour la Morée à bord du vaisseau l'*Alcibiade ;* elle servit dans cette campagne aux observations de longitude. On fut très content de sa marche qui fut fort régulière, et on en délivra un certificat à son auteur daté de Gorée (côtes d'Afrique) 4 décembre 1826. Elle servit avec le même succès dans la campagne d'Alger sur la frégate la *Vénus*.

Depuis cette époque il a imaginé plusieurs échappemens, entre autres un à plans inclinés et à rouleaux mobiles; pour les pendules astronomiques, la roue d'échappement porte cinq dents ou plans inclinés; elle agit entre les bras de la pièce d'échappement et ses ponts sur de petits rouleaux mobiles dont les pivots tournent dans des trous en rubis; de sorte qu'il n'y a d'autre frottement que celui des pivots des rouleaux dans leurs trous, qui n'est d'aucune considération; le plan incliné glisse sur le rouleau qu'il fait tourner et le quitte; alors le rouleau opposé fait repos sur le flanc de la dent, il revient en tournant, trouve la naissance du plan incliné et reçoit une nouvelle impulsion; cet échappement marche avec très peu de force motrice; le quart de celle employée dans les autres pendules suffit pour la faire marcher 15 jours.

Le pendule qui sert à régler cette machine porte une lame composée de l'invention de l'auteur pour la correction des effets de la température; une boîte qui coule le long de la verge du pendule, et qu'on fixe par une forte vis à l'endroit convenable, porte par son centre cette lame, laquelle est fixée par une vis et un pied; deux curseurs placés aux deux extrémités sont destinés à soutenir la lentille et à augmenter ou diminuer la compensation en les éloignant de la verge du pendule, ou en les rapprochant; chaque curseur est entaillé pour recevoir une tringle d'acier ajustée à charnière dans cette entaille au moyen d'une goupille; l'extrémité inférieure de ces tringles porte la lentille par son centre au moyen d'une vis à collet qui laisse la liberté aux deux tringles. Si la verge du pendule s'allonge par la chaleur et tend à faire retarder la machine, cet effet allongeant la lame composée la fait courber par le haut, en raison de l'inégale dilatabilité des deux métaux, et fait remonter la lentille de la même quantité dont la verge en s'allongeant la fait descendre, l'inverse arrive par le froid, de sorte que le centre d'oscillation doit toujours être à la même distance du point de suspension. Les dernières épreuves de ce pendule monté de sa lame composée ont été faites avec soin sur un excellent pyromètre; elles constatent le succès de cette compensation.

Cette pendule fut envoyée à la société d'encouragement avec le plan et la description de ce compensateur. M. Francœur dans la séance du 23 janvier 1833 lut sur ces deux objets un rapport dont on fera connaître les conclusions; mais la description inexate qu'en a donnée le *Mémorial encyclopédique des connaissances humaines* nous force de la reproduire ici textuellement.

DESCRIPTION
DU COMPENSATEUR
SUR LE SPIRAL.

A, fig. 6, est le balancier, B le coq, O la raquette portant le compensateur e f fixé sur la raquette avec une vis. Il porte à son extrémité libre une boîte ou curseur i, qui coule le long de la lame, afin de régler la compensation au plus près. Il est fait d'une lame d'acier calibrée dans toute sa longueur, et ayant environ $\frac{3}{48}$ de ligne d'épaisseur. Sur cette lame en est sondée une de laiton un peu plus que double de celle d'acier, c'est à-dire environ $\frac{7}{48}$ de ligne; de sorte que son épaisseur totale sera de $\frac{10}{48}$ de ligne. Pour obtenir la compensation exacte des effets de la température, il faut faire ce compensateur plus long qu'il est nécessaire, afin que la correction soit trop forte, c'est-à-dire qu'il fasse avancer la montre par le chaud, et la fasse retarder par le froid. On la fait marcher en l'exposant à une chaleur de de 27 à 28 degrés R. Dans cet état, le spiral doit avoir très peu de jeu entre la goupille de la raquette et la boîte du compensateur. On diminue la température, et on régle à peu près la montre par douze ou quinze degrés; ensuite on l'expose au froid de la glace, et on réitère l'épreuve à la chaleur de 27 degrés environ. Si la montre retarde par le froid et avance par la chaleur, la compensation est trop forte; on diminuera l'action de la lame en ramenant le curseur du côté de f; la lame étant plus courte, on place la boîte vis-à-vis la goupille de la raquette au moyen de la vis qui fixe le compensateur sur la raquette, et toujours de proche en proche, afin d'obtenir le plus près qu'il sera possible la correction des effets de la température. Il faut donner pour longueur au compensateur un peu plus de la moitié de la circonférence du balancier. On voit en fig. 7 la raquette portant le compensateur ; on peut pratiquer dans la tête une ouverture longitudinale près de c. Par cette disposition, on évite de recourber le compensateur, et on ramène la boîte mobile ou curseur vis-à-vis la goupille de la raquette. Au lieu d'une goupille, il faut mettre une vis excentrique en forme de goupille, pour donner plus ou moins de jeu au spiral et régler la compensation.

Ce compensateur est très simple et très facile à exécuter : il peut opérer très approximativement la correction du chaud et du froid, et dispense d'employer le pince-spiral qui reçoit son effet de la lame composée. Harrisson faisait usage d'une lame composée, portant à son extrémité deux goupilles, entre lesquelles passait le spiral ; il augmentait l'effet de la lame en l'amincissant lorsqu'il ne pouvait plus l'allonger, et diminuait son effet en la raccourcissant. F. Berthoud a perfectionné ce moyen en adoptant le pince-spiral ; il s'en est servi avec le plus grand succès dans ses horloges et ses montres marines.

Ce compensateur peut être employé avec avantage dans les chronomètres, surtout si on y adapte un spiral plié en un grand nombre de tours, et tel que son isochronisme ne change pas sensiblement, par le plus ou le moins d'écartement des goupilles de la raquette, ce qui rend par conséquent la partie du spiral en action plus longue ou plus courte ; ou en faisant un échappement à vibrations libres et à force constante, dont l'étendue des arcs décrits par le balancier est toujours la même, surtout si les frottemens sont bien réduits, et si les pivots sont fins et roulent dans des rubis ou entre des rouleaux. Je n'indique ce moyen que pour les montres marines ou chronomètres, dans lesquelles on emploierait ce compensateur.

EXTRAIT

Du Rapport fait par M. Francoeur, *au nom du comité des arts mécaniques, sur un* **NOUVEAU COMPENSATEUR** *pour les montres, inventé par M.* PERRON; *horloger à Besançon.*

Après avoir donné quelques réflexions sur la compensation sur le spiral, et fait connaître le perfectionnement utile que M. Destigny, horloger de Rouen, a apporté au compensateur à double courbure de Bréguet, M. Francœur s'exprime ainsi :

M. Perron fils, horloger-mécanicien à Besançon, vous a transmis un mémoire où se trouve décrit un appareil de même genre. M. Perron ne paraît pas avoir connu celui de M. Destigny, et il n'y a d'ailleurs rien de commun entre l'un et l'autre, etc.

M. Perron veut de même compenser les effets de la chaleur par une action exercée sur le spiral; mais son procédé est tout-à-fait différent. Un arc à peu près demi-circulaire est formé de deux métaux inégalement dilatables. Cet arc se laisse déformer sous l'influence de la température. L'une de ses extrémités est fixée à la queue de la raquette, et l'autre, qui est libre, est terminée par un curseur qui coule le long de la lame métallique, pour augmenter ou diminuer l'effet du compensateur. Quand on a trouvé le point où la compensation est exacte, on le fixe avec une vis. C'est entre la goupille portée par la raquette et le curseur que passe le plus grand tour du spiral sans le brider; ce petit ressort, dans ses vibrations, bat alternativement sur l'une et l'autre goupille. L'appareil est aussi simple qu'ingénieux; l'effet s'en conçoit aisément. Le froid vient-il à accroître l'action élastique, en même temps il agit sur l'arc bimétallique, et change la relation des deux goupilles entre lesquelles il bat; s'il y a une juste disposition des parties, ces deux variations pourront se compenser.

Nous ne parlerons pas ici de deux conceptions de M. Perron : l'une qui est une nouvelle espèce d'échappement (1) ; l'autre, une composition propre à donner des secondes fixes concentriques. Outre qu'il serait imposible de juger ces mécanismes sans les voir en action, ils ont une bien moindre importance que le premier. M. Perron est doué d'une esprit d'invention remarquable, et dont il faut encourager les tentatives ; mais il convient de les diriger vers des objets utiles. Il doit surtout s'attacher à faire des chronomètres et en perfectionner la construction, non-seulement pour en obtenir une plus grande précision, mais s'il se peut, pour en diminuer la dépense.

Nous pensons que les travaux de M. Perron sont dignes des éloges de la société ; que cet habile mécanicien doit être remercié de la communication qu'il a faite, et invité à présenter quelques montres où la compensation soit produite par l'appareil qu'il a décrit, afin d'en mieux juger les résultats. Dans le cas où cette épreuve serait favorable, elle mériterait assurément une médaille d'encouragement. Nous pensons qu'il serait utile d'insérer le présent rapport au bulletin, ainsi qu'un extrait du mémoire de M. Perron, en ce qui concerne son compensateur.

Adopté en séance, le 11 juillet 1821.

Signé L. BRÉGUET.

FRANCOEUR, *Rapporteur*.

(1) C'est l'échappement à vibrations libres et à force constante dont il a déjà été parlé, page 93.

DESCRIPTION

D'UN ÉCHAPPEMENT LIBRE

A PLANS INCLINÉS,

Inventé pour les montres, en 1798, par L. PERRON, *et adapté à une pendule astronomique, en* 1832, *par le même auteur, en employant des rouleaux mobiles, tournant dans des trous en rubis.*

L'échappement à cylindre me donna l'idée de construire celui-ci pour les montres. La roue A, fig. 1re, est plate ; ses dents sont taillées en plans inclinés, qui agissent sur deux goupilles fixées 1, 2, sur une pièce intermédiaire B, qui a son centre de mouvement en D, et dont l'extrémité C, opposée aux goupilles, est fendue en fourchette qui agit sur une cheville ou doigt porté par l'axe du balancier, et lui fait décrire des arcs de plus de 300 degrés.

Cet échappement a l'avantage d'être réparé et remis à neuf par les horlogers les moins instruits et les moins habiles. La roue étant faite en acier agit sur les goupilles qu'on met en or, en laiton, et même en rubis (1). Si ces goupilles s'usent, il est facile de les remplacer, et l'échappement redevient dans son premier état. Il avait été adopté à cause de la grande facilité qu'il y a à l'exécuter, de son peu de frottement et de ses autres avantages.

Pour l'appliquer aux pendules, je n'ai conservé que l'axe et les deux bras portant les chevilles que j'ai transformées en rou-

(1) M. Cucnin, artiste horloger de cette ville, a fait de ces sortes de montres dans le même temps ; il en possède encore une à laquelle il vient de faire placer des chevilles en rubis.

leaux mobiles, dont les pivots tournent dans des trous en rubis. C'est sous ce point de vue que je vais en donner la description.

La roue d'échappement de la pendule fig. 2 a cinq dents de forme triangulaire, taillées en plans inclinés, et marquées 1, 2, 3, 4 et 5. Chaque dent ou triangle agit alternativement sur les rouleaux placés en cage sur le bras B, C, au moyen de deux ponts. Le centre de mouvement de ces bras, ou pièce d'échappement est en A; dans la position actuelle de l'échappement, la dent ou le triangle 1 vient d'agir sur le rouleau du bras B, et l'a écarté du centre de la roue tandis que celui C s'en est rapproché. En même temps que la dent 1 quitte le rouleau du côté de B, la dent 2 fait repos sur le rouleau du bras C, qui continue à s'approcher du centre de la roue par la force d'impulsion que lui a communiquée le triangle 1 en agissant sur le rouleau du bras B. Cette force d'impulsion étant épuisée, le bras C revient sur lui-même par l'effet de la pesanteur. Le triangle 2 agit par son plan incliné sur le rouleau du bras C, lui donne une nouvelle impulsion; alors le triangle 3 se trouve contre le rouleau du bras B, y fait repos, reçoit son impulsion, puis le triangle 4 s'appuie contre le rouleau du bras C, pour continuer les mêmes effets, jusqu'à ce que la force motrice soit épuisée.

Ce n'est point par prévention que j'ose avancer que cet échappement réunira de grands avantages. D'abord il est très facile à exécuter, et il le serait encore plus, si au lieu de rouleaux mobiles tournant dans des trous en rubis, on plaçait seulement sur l'extrémité des bras B et C, des goupilles en or, en acier ou en rubis, en faisant la roue d'acier trempée. Cette roue se taille en dix dents pour en conserver cinq, et on fait sauter une de ces dents entre deux autres, les rouleaux ou goupilles devront avoir pour diamètre l'épaisseur de la fraise qui a taillée la roue. On détermine sur la roue l'arc de levée, depuis le centre de mouvement de la pièce d'échappement, c'est-à-dire du point A;

de ce point on trace une portion de cercle passant par le centre de la roue ; on la divise en degrés, puis on prend la quantité dont on veut faire l'arc de levée ; ici c'est un degré et demi ; on tire une ligne droite du point A passant sur la circonférence de la roue; on prend un degré et demi, et de là on tire sur la roue un trait concentrique passant sur la ligne de l'arc de levée prise aussi du point A, et on coupe depuis ce trait à l'extrémité de la dent; ce qui forme le plan incliné. Voyez (fig. 2 *bis*) la roue de grandeur naturelle où ces lignes sont tracées.

Dans l'échappement à ancre de Graham, la roue a 30 dents et agit sur les levées de l'ancre, puis sur les repos convexes et concaves fort éloignés du centre de mouvement de l'ancre, ce qui cause un frottement d'autant plus grand; de sorte que si l'on gagne de la force par les levées, elle se consume sur les repos. Dans mon échappement c'est l'inverse; la roue étant petite agit par de courts leviers, sur de grands leviers ou bras de l'échappement très éloignés de leur centre de mouvement; les repos ayant lieu sur la roue se font sur un levier très court, et qui se raccourcit encore par les grands arcs de supplément, en se rapprochant du centre de la roue à une ligne environ. On voit donc qu'il y a une grande force de la part de la roue sur les rouleaux appliqués aux bras de l'échappement, et que les repos ne tendent point à détruire la force d'impulsion, puisque le levier agissant se raccourcit de plus en plus, à mesure que les arcs de supplément deviennent plus grands. On voit aussi qu'il y a une très grande liberté à cet échappement (ce qui n'existe à aucun de ceux connus), puisque la roue agit sur des rouleaux au lieu d'agir sur des chevilles, et que les pivots de ces rouleaux tournent dans des trous en rubis, ainsi que la roue d'échappement, au lieu de tourner dans du laiton ; il ne peut pas y avoir destruction de trous ni de pivots ; les rouleaux tournant n'ont aucun frottement ; c'est un simple roulement de second genre, par conséquent pas d'usure, et plus de constance dans l'isochronisme des vibrations.

Cet échappement exige très peu de force motrice, le quart de celle qu'on emploie ordinairement dans les horloges astronomiques suffit pour faire marcher celle-ci : on sait qu'une trop grande force motrice déchire les trous et use les pivots des premiers mobiles, cause un plus grand frottement dans les engrenages, et trouble l'isochronisme des vibrations; moins d'une livre agit sur le rouage, et suffit pour la faire marcher quinze jours.

Au lieu de mettre trente dents à la roue d'échappement dont la tige aurait porté l'aiguille des secondes, j'ai préféré donner à l'avant-dernière roue soixante dents, engrenant dans un pignon de dix ailes, et cinq dents à la roue d'échappement; les dents de la roue de secondes sont toujours dans les mêmes positions avec les ailes du pignon de la roue d'échappement et les dents de cette roue; ainsi l'aiguille des secondes doit les marquer très exactement sur un cadran bien divisé.

J'ai employé dans cette pendule des pignons bien nombrés, ainsi que les roues, afin que la rentrée des engrenages se fasse le plus souvent possible; que la menée soit uniforme; que les pignons tournent autant que possible avec la même force et la même vitesse, et que la menée puisse prendre dans la ligne des centres; c'est ce qu'on ne peut obtenir qu'avec des pignons de 10, 12 et même plus nombrés.

L'échappement est la partie la plus essentielle et la plus délicate dans toutes les machines destinées à mesurer le temps. Il est nécessaire que la puissance motrice y parvienne au moyen de bons engrenages, et sans déperdition de force; de sorte que l'échappement ne serve uniquement qu'à restituer au pendule ce qu'il perd par les frottemens de sa suspension, si elle est à couteau; et par la résistance de l'air ou des ressorts de suspension, si elle est à ressorts. On peut donc parvenir à cette condition, 1° en faisant un échappement dont la traînée sur les levées soit longue, en faisant décrire de petits arcs au pendule, lesquels sont reconnus plus isochrones entre eux que les grands; 2° en ne mettant pas d'huile sur les levées ; ce qui augmente les frottemens quand elle vient à s'épaissir. L'échappement à rouleaux mobiles réunit ces conditions ; la traînée des plans inclinés de la roue sur les rouleaux est très grande, et l'arc de levée n'est que d'un degré et quart de chaque côté ; il ne faut pas d'huile sur les rouleaux, il faut au contraire qu'ils soient bien à sec, afin que les plans inclinés fassent pour ainsi dire engrenage imperceptible de leurs parties au point de contact avec les rouleaux ; quant aux pivots roulant dans des rubis, il faut fort peu d'huile.

Avec un échappement réunissant toutes ces qualités et conditions, si l'on peut obtenir un pendule bien suspendu dont la correction des effets de la température s'opère bien exactement, l'horloge devra donner le temps moyen avec beaucoup d'exactitude et de régularité. Je me suis donc appliqué une partie de ma vie à rechercher les meilleures qualités des échappemens, et les moyens les plus simples, les plus sûrs et les moins dispendieux d'un pendule composé pour corriger les effets de la température. Je me servirai donc de la lame composée que j'ai imaginée pour remonter ou descendre la lentille dans les différentes températures, après l'avoir préalablement éprouvée sur un pyromètre que j'ai construit depuis long-temps pour les épreuves du pendule à compensation appliqué à mon horloge astronomique et à planisphère dont la marche fort régulière laisse peu à désirer.

Les propriétés du meilleur échappement doivent être :

1° De donner au régulateur une impulsion toujours égale, malgré les variations de force du rouage, causées par les engrenages ou l'épaississement des huiles ; que cette impulsion soit donnée avec le moins de frottement et de perte de force qu'il soit possible.

2° Après l'impulsion donnée, le régulateur doit faire librement ses oscillations sans être troublé par aucun frottement ou cause étrangère qui puisse en altérer ou faire varier la durée.

3° Toutes les parties frottantes de l'échappement doivent être composées de matières indestructibles ; car s'il y a destruction ou usure de ces parties, les frottemens augmentent, et la force varie.

4° L'huile employée aux parties frottantes de l'échappement se dessèche promptement et s'épaissit, le frottement augmente et change la durée des oscillations. Il faudrait pouvoir, par la nature de l'échappement, s'abstenir d'y mettre de l'huile.

DESCRIPTION

D'UNE LAME COMPOSÉE

POUR COMPENSER

LES EFFETS DE LA TEMPÉRATURE

SUR LE PENDULE.

A, B, fig. 3, est la verge du pendule ; C, D, la lame composée fixée à la verge au moyen d'une vis à tête goudronnée E, serrant la boîte qui la porte ; la lentille est traversée par la verge dans laquelle elle passe librement ; elle est soutenue par les extrémités de la lame bi-métallique au moyen de deux curseurs F, G, auxquels sont réunies à charnières, deux brides d'acier H, I, qui supportent la lentille K par son centre avec une vis à portée, afin de laisser libre le mouvement des brides soit aux curseurs, soit au centre de la lentille, par les changemens de la température.

Toutes les expériences qu'on a faites sur la dilatation des métaux, ont prouvé que la dilatation de l'acier est à celle du laiton ou cuivre jaune, comme 77 à 121. F. Berthoud a placé des verges de différens métaux sur un pyromètre, et il a trouvé que depuis le terme zéro, jusqu'à 27 degrés réaumur, une verge de cuivre jaune de trois pieds deux pouces cinq lignes de longueur, cinq lignes de largeur, et trois lignes d'épaisseur, s'est allongée de $\frac{121}{360}$ de ligne ; une verge d'acier trempée et revenue bleue de même longueur et dimension, s'est allongée de $\frac{77}{360}$ de ligne : C'est sur ce rapport de dilatation que j'ai établi ma lame ; elle doit être faite en cuivre jaune ou laiton ;

la largeur et l'épaisseur doivent être en raison du poids de la lentille ; celle de ma pendule astronomique pèse 7 livres ; la lame bi-métallique a six lignes de large, deux lignes et demie d'épaisseur, et environ neuf pouces de longueur, courbée sur un arc de cercle de 7 pouces 9 lignes de rayon. La lame de laiton doit avoir trois fois plus d'épaisseur que celle d'acier, de sorte que pour une lentille pesant environ vingt livres, si la lame de laiton a trois lignes d'épaisseur, celle d'acier peut avoir une ligne environ ; elle doit être trempée et revenue bleue, et elle sera ensuite rivée sur celle de laiton, au moyen d'une grande quantité de chevilles assez rapprochées les unes des autres, afin que ces deux lames fassent corps. Je place deux rangs de chevilles à trois lignes l'une de l'autre ; si je donne au laiton qui doit être bien écroui, trois fois plus d'épaisseur qu'à l'acier, c'est afin qu'il puisse maîtriser l'acier, et le courber en différens sens selon que la température sera chaude ou froide ; cette lame composée peut-être droite, ou courbe telle que la figure l'indique ; si à la température moyenne qui est 10 degrés, elle est droite ; étant exposée dans une étuve, ou à une chaleur d'environ 27 degrés réaumur, elle se courbera, parce que la dilatation de la lame de laiton étant plus grande que celle d'acier, celle-ci qui s'allonge moins, est forcée d'obéir à celle de laiton qui la courbe, et la redresse alternativement. Si de cette température de 27 degrés on la fait descendre à zéro, alors les deux lames se raccourciront par le froid ; mais le laiton se raccourcissant plus que l'acier, la lame composée se courbera en sens inverse. On sent que si ces deux métaux étaient isolés, leur dilatation inégale aurait lieu en ligne droite ; on voit aussi que si les deux lames fixées ensemble étaient de même épaisseur, celle d'acier empêcherait celle de laiton de se courber. Il faut donc que ces deux lames soient pour leur épaisseur à peu près dans le rapport de leur ténacité, mais que le laiton soit plus épais, afin de pouvoir maîtriser l'acier.

Le pendule étant monté avec sa lame compensatrice, et l'horloge réglée à la température de zéro à laquelle elle est exposée, si de cette température elle passe à 27 degrés R, la verge en fer du pendule s'allongera de $\frac{78}{360}$ de ligne environ, et l'horloge retarderait sans la lame, de 20″ à 25″ en 24 heures.

La lame composée doit être plus grande qu'il est nécessaire : si les curseurs étant aux deux extrémités font remonter la lentille de 90 ou $\frac{100}{360}$ de ligne, la lame est alors trop longue, puisqu'elle produit trop d'effet ; je rapproche donc les curseurs du centre de la lame, et je les place aux points 2, 2, je renouvelle l'épreuve. Je suppose que depuis zéro à 27 degrés je trouve encore 85 ou $\frac{90}{360}$ de ligne d'allongement, elle est encore trop longue, et je ramène les curseurs aux points 3, 3; si à cette position une nouvelle épreuve me donne $\frac{78}{360}$ de ligne, ou environ, ma lame composée est exacte pour opérer les effets de la compensation, puisqu'elle remonte la lentille autant que l'allongement de la verge du pendule l'aura fait descendre. On sent que dans tous les termes correspondans depuis zéro à 27 degrés, la lame composée agira sur la lentille dans la même proportion ou à peu près, que la température agira sur la verge du pendule, mais toujours dans un sens inverse.

La température chaude ou froide n'exerce jamais toute son action sur une machine destinée à la mesure du temps; elle est ordinairement renfermée dans un appartement, dans un observatoire, ou même dans un clocher; et si l'on règle les effets de la température sur la lame composée dans les termes extrêmes du chaud et du froid, les termes moyens seront très approchans de la régularité. D'ailleurs, on peut encore suppléer aux expériences dans le temps même de la marche de l'horloge, en augmentant la compensation si elle est trop faible, on en la diminuant si elle est trop forte. Il est à croire que le chaud ne fera pas remonter la lentille, en agissant sur la lame composée, autant qu'elle aura descendu par l'allongement de la verge ; mais si l'on fait avec la lentille attachée à la lame plusieurs épreuves de suite depuis zéro à 27 degrés R, la lentille reviendra sensiblement à sa place, et le centre d'oscillation du pendule restera toujours à la même distance du point de suspension.

Dans le *Mémorial encyclopédique des connaissances humaines* n°. 32 août 1833 page 234, on lit ce qui suit : « *Un* » *arc bi-métallique est fixé en travers à la tige sous la len-* » *tille qui y est librement assemblée.* » Il est facile de voir fig. 3, que la lame composée est au dessus de la lentille et non au dessous, qu'elle la supporte par son centre au moyen de deux tringles d'acier fixées à charnière aux curseurs qui coulent le long de la lame pour régler la compensation au plus près. M. Fr. auteur du rapport lu à la société d'encouragement, n'a pu faire une erreur semblable, puis qu'il avait sous les yeux le dessin du compensateur, et sa description. « *Quand* » *l'arc se déforme sous l'influence de la température, la len-* » *tille monte ou descend sur la tige, et le centre d'oscilla-* » *tion se déplace d'autant.* » On aurait dû ajouter que la température agit en même temps sur la verge du pendule dans le même rapport inverse, et que le centre d'oscillation n'est point déplacé. « *On doit régler ces mouvemens de manière* » *que ce centre reste toujours à la même distance de la sus-* » *pension.* » C'est aussi ce que j'ai fait avec un pyromètre. « *Ce système n'est pas nouveau, et s'il n'est pas d'un plus* » *fréquent usage, c'est qu'il est fort difficile de régler ce* » *mode de compensation.* » C'est sûrement du système de M. Duchemin qui est sous la lentille, dont on veut parler. Cependant cet horloger habile et expérimenté ne présenterait rien d'imparfait ; ce système a paru à l'exposition de 1823 sous le n° 1708, salle 35.

Quant à la prétendue difficulté de régler ce mode de compensation, on se trompe ; rien au contraire n'est plus facile, et trois épreuves faites dans une matinée m'ont suffi pour le régler. Voici le détail des expériences.

Ayant chauffé à 24 degrés R. environ le pendule monté de sa lame composée supportant la lentille, et l'ayant de suite placé sur le pyromètre exposé à l'air, le thermomètre à 1 degré de froid, le centre de la lentille appuyant sur le talon du rateau à l'endroit où il mesure la 720me partie d'une ligne. L'aiguille à zéro a parcouru en 28 min. 30 degrés du côté de la dilatation. La lame composée faisant trop d'effet, j'ai ramené chaque curseur près du centre de la lame, d'environ un quart de ligne ; ayant de nouveau chauffé le pendule je l'ai replacé sur le pyromètre. En 28 min., l'aiguille a parcouru 16 degrés et demi au lieu de 30 dans la première épreuve, et ce n'est qu'en une heure que l'aiguille a parcouru 30 degrés. La lame faisant encore trop d'effet, j'ai ramené encore chaque curseur d'environ un quart de ligne. J'ai chauffé de nouveau; cette dernière épreuve n'a donné qu'un degré et demi en 30 min., et 6 degrés en une heure du côté de la dilatation. C'est seulement un cent-vingtième de ligne ; ce qui ne donne pas une erreur d'une seconde du passage de 24 degrés de chaleur à un degré de froid.

Venant à l'échappement à rouleaux mobiles, il est dit : « *C'est l'échappement de Graham renversé, puisque ce célèbre horloger plaçait les plans inclinés au bout de l'ancre.* » Quelle singulière conséquence ! dans l'échappement de Graham, la roue agit par les pointes de ses dents sur les levées de l'ancre ; les dents sont dégagées par derrière afin que les extrémités des levées n'y racrochent pas, et c'est ce dégagement des dents qu'on prend pour des plans inclinés et qu'on rapporte à la roue de mon échappement. On voit qu'il n'y a aucun rapport; les cinq dents de ma roue sont taillées en plans inclinés pour agir, non sur des levées, mais sur des rouleaux d'un très petit diamètre tournant dans des trous en rubis ; c'est sûrement encore de l'échappement des horloges de carton dont on veut parler; car c'est précisément l'échappement de Graham renversé. Nous venons de dire que dans cet échappe-

ment la roue agit par les pointes de ses dents sur les levée de l'ancre ; c'est l'inverse dans l'échappement actuel des horloges de carton, la roue agit par des plans inclinés sur les pointes d'une machine qu'on appelle l'ancre, et qui n'y a aucun rapport.

« *Pour les pendules, l'échappement de M. P. a un petit » recul, ce qui portera à préférer l'échappement de Graham.* » Le recul est effectivement petit, car il faut un microscope pour l'apercevoir au bout de l'aiguille, où il est plus sensible à voir qu'à l'échappement. En faisant marcher les bras des rouleaux jusqu'au centre de la roue, on y remarque un léger recul, parce que les rouleaux arrivant près de ce centre, agissent sur un plus court levier, et rendent le recul plus sensible, mais l'échappement ayant 1 degré 15 minutes de levée, il faudrait un arc de supplément de près de 2 degrés pour apercevoir le recul, et il n'y a seulement que 15 minutes d'arc de supplément ; aussi est-il insensible. On peut le rendre nul pour ainsi dire en faisant la roue plus petite, et les bras des rouleaux plus grands ; il suffirait que la ligne diamétrale de la roue se confondît avec la ligne tirée du centre de mouvement des bras des rouleaux passant au centre de la roue. D'ailleurs un léger recul ne peut troubler les oscillations du pendule, le recul s'oppose à l'étendue des vibrations et contribue à les rendre isochrones. (*Voyez l'échappement isochrone à demi-recul de F. Berthoud.*)

« *Du reste M. P. ne peut s'attribuer la priorité d'invention » puisque les horloges de carton sont construites sur le même » principe ;* » *Société d'encouragement* 25 *janvier*. On a vu dans la description de mon échappement que je l'avais appliqué aux montres en 1798, plus de 25 ans avant l'apparition des horloges de carton ; s'il n'était pas connu du rédacteur, il l'était à Besançon et en Suisse où l'on en a fait une grande quantité dans des montres qui existent encore. Je ne pense pas que la priorité d'invention de l'échappement des horloges de carton puisse être attribuée à son auteur, car c'est l'échappement de Graham dont la roue est retournée. Cette invention n'a pas dû coûter beaucoup de peines; c'est peut-être le hasard qui l'a produite. On aura sûrement collé la roue à l'inverse; on a vu qu'elle marchait et on l'a laissée telle. Alors le dégagement des dents de la roue dans l'échappement de Graham sert de levée, ou de plans inclinés à celui des horloges de carton, ce qui vaut mieux, parce que les pointes des dents d'une roue de carton sont sujettes à s'émousser promptement. On peut jeter les yeux sur la figure 4 de la planche, où ces deux échappemens sont représentés avec la même roue qui est celle de Graham. La flèche du dessus indique la marche de la roue dans l'échappement de Graham, celle d'en bas indique la marche en sens inverse de la roue, dans l'échappement des horloges de carton. Elle a 30 dents; ma roue n'en a que cinq, et elle est en tout semblable à celle de l'échappement libre que j'ai inventé et appliqué aux montres en 1798.

Comment se fait-il que le rédacteur du mémorial ait eu connaissance du rapport lu à la séance du 23 janvier 1833, tandis qu'une mesure générale et réglémentaire de la société d'encouragement s'oppose à ce qu'il en soit délivré copie à l'auteur de l'invention avant qu'il soit imprimé dans son bulletin? Comment se fait-il encore que la société ne conserve pas elle-même la priorité de publication? Dix mois sont passés, ce rapport ne m'est point encore parvenu.

Le bulletin de la société d'encouragement du mois d'août 1833 m'ayant été communiqué le 15 novembre, j'ai lu le rapport de M. Francœur; et les erreurs que je croyais devoir attribuer au rédacteur du mémorial existent dans ce même rapport. On lit page 250; « M. Perron place sous la lentille une branche horizontale bi-métallique fixée à la tige de suspension, etc. » En jetant les yeux sur la planche du bulletin, on voit qu'elle est dessus. Est-ce une faute typographique (1)?

(1) Cette erreur existe aussi dans la copie du rapport que j'ai reçue au mois de décembre.

Même page : « M. Perron semble avoir mal examiné les » pendules de carton qu'il a dû voir marcher depuis plusieurs » années et qui ont été livrées au public aux expositions des » produits de l'industrie ; il pense que ces pièces marchent avec » l'échappement de Graham, tandis qu'il est certain que les » dents agissent sur une ancre à palettes en corne à l'aide de » plans inclinés qui terminent ces dents ; il se trompe aussi » quand il présente son invention comme ayant un échappement » libre. »

Dans la description de mon échappement que j'ai donnée ci-devant, je n'ai pas parlé de celui des horloges de carton, et M. Francœur ne peut pas dire que je les aie mal examinées. Il n'en existe qu'une seule à Besançon, et, l'ayant bien examinée, j'ai vu que la roue est absolument celle de Graham retournée, et comme on la voit fig. 4. le centre de mouvement de l'ancre est sous la roue. Il paraît que depuis ce temps elle a été changée en celle qu'on voit fig. 5, qui n'a de remarquable que des dents tordues afin de ne plus ressembler à celle de Graham.

Je suis peiné de dire que M. Francœur se trompe lui-même, lorsqu'il dit que j'ai présenté cette invention comme ayant un échappement libre. Depuis plus de 40 ans que je m'occupe de l'horlogerie et par conséquent des échappemens, je dois les connaître ; et je n'aurais pas avancé une erreur semblable. J'ai dit dans ma description (et comme on peut le lire page 253 du bulletin qui en est une copie extraite, ainsi que les pages 252, 254 et 255) : *On voit aussi qu'il y a une très grande liberté à cet échappement, puisque la roue agit sur des rouleaux au lieu d'agir sur des chevilles, et que les pivots de ces rouleaux tournent dans des trous en rubis.* Ce n'est donc pas dire qu'il est de la nature des échappemens à vibrations libres. Je regrette que M. Francœur ait mal interprété ces mots.

On lit même page: « Car son pendule est le même que celui » qui est depuis long-temps exposé dans les salles de la société

» d'encouragement, sauf quelques différences de forme; car cë » dernier a sa lame compensatrice droite, tandisque celle de » M. Perron est courbée. M. Duchemin qui a autrefois soumis » au conseil ce pendule compensateur a bien senti que la dif- » ficulté de régler cet appareil serait un obstacle à son usage; » du reste il a construit sur ce principe un grand nombre » de pendules, et particulièrement celui d'une horloge pour » l'observatoire de Nantes, mise à l'exposition en 1821, etc. (1).

Il est vrai que je ne connais pas ce pendule qui n'a pas été décrit; mais il paraît que c'est celui de M. Duchemin dont la lame est composée de zinc et d'argent, fixée sous la lentille; la pendule astronomique à laquelle est appliqué ce compensateur était désignée sous le N. 1708 salle 35, à l'exposition de 1823. Le rapport du jury s'exprime ainsi au sujet de cette pendule astronomique : « Le balancier à compensation dont elle est gar- » nie est de l'invention de M. Duchemin; il est d'une forme » simple et d'un prix peu élevé, etc. » Comment se fait-il qu'on ait construit un si grand nombre de pendules sur ce principe, puisqu'on a senti que la difficulté de régler cet appareil serait un obstacle à son usage?

Une faute typographique existe page 253 ligne 19.

Comme ce mot change le sens de la phrase, nous devons le rectifier : « Les repos ne tardent point à détruire la force d'im- » pulsion. » C'est comme si l'on disait, Bientôt la force d'impulsion sera détruite par les repos. On doit lire, Ne tendent point à détruire la force d'impulsion, etc.

Les conclusions du rapport sont ainsi exprimées :

En résultat, le comité des arts mécaniques a pensé que, dans les pièces qui lui ont été présentées, M. Perron a donné de nouvelles preuves de la sagacité qui fait distinguer ses différens travaux, etc.

Le comité propose, messieurs, que la description et les figu-

(1) On a sûrement voulu dire 1823, car il n'est pas venu à notre connaissance qu'il y ait eu exposition des produits de l'industrie en 1821.

res relatives aux échappemens à plans inclinés de MM. Perron, Duclos et Gille, soient publiées dans le bulletin, ainsi que le présent rapport, et qu'il soit écrit une lettre de remercîment à M. Perron pour la communication qu'il vous a faite de cet ingénieux échappement. Nous demandons aussi que les balanciers compensateurs de M. Perron, et de M. Duchemin soient rendus publics par la même voie.

Approuvé en Séance le 23 *janvier* 1833.

Signé, FRANCOEUR, *Rapporteur.*

ESSAI

SUR L'ISOCHRONISME

DES VIBRATIONS DU BALANCIER

PAR LE RESSORT SPIRAL,

APPLIQUÉ A DIFFÉRENTES ESPÈCES D'ÉCHAPPEMEMS.

Tous les savans et les artistes qui, pour déterminer les longitudes en mer, ont employé les machines destinées à la mesure du temps, se sont occupés de rechercher l'isochronisme des vibrations du balancier par le ressort spiral. Huygens tenta le premier cette découverte, et après lui, Henry Sully, Berthoud, Le Roy, etc. En appliquant le spiral au balancier, Huygens crut avoir trouvé le moyen de rendre égaux les arcs de vibration, et il en proposa l'usage dans des horloges construites en petit pour la détermination des longitudes tant sur terre que sur mer.

Henry Sully profitant de la découverte d'Huygens, construisit une montre marine à balancier, réglée par un spiral, qu'il présenta en 1724 à l'académie des sciences de Paris. Ce célèbre artiste avait réduit à la plus simple expression les frottemens des pivots du balancier, en les faisant tourner sur des rouleaux de son invention. Cherchant à rendre isochrones par la nature de son échappement, les oscillations du balancier, il pensa dès-lors que son spiral devait être isochrone par les arcs de différente étendue.

Jean Jodin, horloger à St.-Germain-en-Laye, avait eu aussi en 1754, une idée de l'isochronisme par le spiral. Dans son petit *Traité des échappemens*, il dit (page 48) : « que l'augmentation de force motrice se réduit à opérer de plus grands » arcs au régulateur, mais l'isochronisme de ces arcs inégaux » a lieu dans les ressorts spiraux ainsi que dans le pendule libre. » Voilà donc la première idée de l'existence de l'isochronisme dans le ressort spiral, et c'est peut-être l'origine de la découverte de cet isochronisme dont F. Berthoud et P. Le Roy se sont plus tard disputé la gloire; mais Sully et Jodin sont les premiers qui se soient aperçus du changement dans la durée des oscillations du balancier par les grands et les petits arcs. P. Le Roy construisit un spiral dont il rechercha l'isochronisme, et l'appliqua à sa montre marine; il paraissait tellement persuadé de l'isochronisme de son spiral, qu'il avait supprimé la fusée, la regardant comme superflue et même désavantageuse.

Pour corriger les effets de la température, il employa deux thermomètres en verre recourbés et joints à l'axe du balancier: l'un et l'autre contenaient du mercure et de l'esprit de vin. Par la dilatation des liquides, l'esprit de vin forçait le mercure à passer dans la partie du tube appliqué contre l'axe du balancier, l'effet du froid faisait passer le mercure à l'extérieur, de sorte que ces deux effets combinés pouvaient rendre la correction exacte sans changer l'isochronisme.

Harisson à qui l'on doit plusieurs montres marines très exactes, rechercha l'isochronisme des vibrations du balancier, par un remontoir placé dans la roue de champ, et par l'action d'un clou à cycloïde qui, en appuyant contre son spiral, tendait à accélérer les vibrations dans les petits arcs, et contribuait en l'abandonnant dans les grands, à ramener ces mêmes vibrations à l'égalité, c'est-à-dire à les rendre isochrones.

De son côté F. Berthoud a recherché l'isochronisme en faisant un spiral fort au centre et faible en dehors ; il a employé ces sortes de spiraux avec succès dans ses horloges marines, mais l'exécution en devenait plus difficile dans les montres portatives, et il parait qu'il éprouva des peines infinies pour arriver à son but, puisqu'il imagina un compensateur isochrone destiné à corriger ce qui manquait à l'isochronisme. Les tables composées des arcs et de la température, qu'il avait formées pour vérifier la marche de plusieurs horloges marines, n'ont jamais servi, parce qu'exigeant un grand nombre de calculs, l'usage en devenait très difficile.

En appliquant sur le spiral une lame bi-métallique pour corriger les effets de la température, Harisson et Berthoud ne craignirent pas d'en changer l'isochronisme ; l'observation a prouvé que la marche de ces machines ne varie pas sensiblement par l'effet de ces compensateurs, mais une autre cause, la coagulation de l'huile tant au rouage qu'au régulateur, détruit l'isochronisme du spiral ; c'est ce qui nous conduit naturellement à cette première proposition.

1re Prop. Un spiral parfaitement isochrone ne peut pas corriger le retard qu'éprouve un balancier gêné dans sa marche par la coagulation de l'huile ou par toute autre cause étrangère.

En effet lorsque à la longue l'huile cesse d'être fluide, les frottemens augmentent, le rouage ne marche plus avec la même liberté, et les arcs décrits par le balancier sont de moindre étendue. Cette cause ne pourrait cependant pas faire changer l'isochronisme du spiral, si les huiles s'étaient conservées fluides au régulateur ; car nonobstant la réduction des frottemens, le balancier, après avoir reçu l'impulsion de la roue d'échappement, revient par l'effet du spiral ; mais s'il est gêné, il n'est plus ramené avec la même vitesse, et c'est ce qui produit le dérangement de l'isochronisme. Il est donc bien imporant de réduire à la plus simple expression les frottemens des pivots du balancier, en les faisant fins, durs, et bien polis, et ournant dans des trous en rubis. Il faut aussi que le balancier soit d'une bonne pesanteur avec une grande quantité de mouvement, afin de vaincre plus facilement la résistance provenant de la coagulation des huiles ; car la force qu'il obtient par sa vitesse ou par l'étendue de ses vibrations vaut mieux que celle qu'il acquiert par l'accroissement de son poids. Donc un spiral isochrone étant appliqué au balancier ne conserve cette propriété que pendant que les huiles sont fluides, et que les frottemens restent constans.

2e Prop. L'action du chaud et du froid peut changer l'isochronisme du spiral en y exposant la montre par les grands et les petits arcs.

La chaleur, en augmentant le diamètre du balancier, diminue aussi la force et l'énergie du spiral par sa dilatation ; alors il ne ramène plus le balancier avec la même vitesse et la même force ; et c'est la cause du retard qu'éprouve la montre. Le froid produit un effet contraire, il diminue le diamètre du balancier, augmente la force du spiral, et contribue à la faire avancer. L'huile est coagulée par le froid ; mais le spiral a plus de force pour vaincre cette résistance, et il faudrait pour que ces effets pussent se compenser, que cette force du spiral augmentée par le froid fût dans un juste rapport avec la résistance des huiles; car elle exerce moins d'influence sur les grands arcs que sur les petits.

Malgré les principes et la théorie de l'isochronisme savamment développés par F. Berthoud, et les essais qu'il a faits de ses spiraux sur la balance élastique, il en a trouvé qui suivaient bien la progression arithmétique et qu'il jugeait parfaitement isochrones, mais qui cessaient de l'être lorsqu'on les appliquait à l'horloge marine. Ces spiraux pouvaient être gênés sur la balance élastique ou adaptés au balancier, ce qui leur faisait perdre l'isochronisme, ou le leur donnait s'ils ne l'avaient pas.

Un spiral isochrone, appliqué au balancier mu par un échappement libre, ne l'est que pour certains arcs ; plus ils seront grands, plus le spiral devra être long pour parvenir à l'isochronisme; et si ce spiral est isochrone dans les arcs de 340° à 360°, il cessera de l'être en augmentant ou en diminuant l'étendue des arcs. Qu'on les porte par exemple à 380°, ils seront plus prompts que les arcs de 360°; qu'on les diminue et qu'on les réduise à 320°, cé sera l'inverse, les grands arcs seront plus lents que les petits, c'est à dire : les arcs de 360° seront plus lents que les arcs de 320°; de sorte qu'on pourrait parvenir à l'isochronisme en changeant l'étendue des arcs décrits par le balancier. Si les grands sont plus prompts que les petits, on pourrait en diminuant la force motrice, les rendre plus petits et isochrones entre eux; si les grands sont plus lents que les petits, en augmentant la force motrice, les arcs seront augmentés et l'isochronisme pourra encore avoir lieu.

Il n'a éte question jusqu'ici que de l'application du spiral au balancier mu par un échappement libre. Si l'on applique un spiral isochrone au balancier d'un échappement à repos, tel que celui à cylindre, dont les grands arcs sont plus lents que les petits par l'augmentation de la force motrice, à cause de la pression exercée sur le cylindre par la roue, surtout si le balancier est léger, il s'en suivra qu'à mesure que cette pression diminuera par l'épaississement des huiles aux pivots des roues et du balancier, les petits arcs seront plus prompts que les grands, la montre retardera dans le premier cas, et avancera dans le second; de sorte qu'il semble que pour compenser ces effets il faudrait un spiral court qui rendit les grands arcs plus prompts que les petits, ce qui est impraticable à cet échappement dont les arcs sont ordinairement fort grands. Cependant si le balancier est de bonne pesanteur, et si les frottemens de l'échappement sont bien réduits, l'influence des huiles et de la force motrice sera moins sensible. Lorsqu'on fait le cylindre en rubis, ces mauvais effets n'ont pas lieu; la roue de cylindre est trempée, les plans inclinés sont moitié plus minces et bien polis; le frottement très peu sensible sur le cylindre est constant, puisqu'il n'y a pas d'usure ; le balancier étant de bonne grandeur et pesanteur, et ses pivots tournant dans des trous en rubis, facilite la liberté des vibrations, et les arcs changent peu d'étendue ; aussi, que le spiral soit isochrone ou qu'il ne le soit pas, ces montres marchent avec une régularité très satisfaisante.

Dans une montre à échappement à recul, tel que celui à roue de rencontre, le spiral devrait être fort long afin que les grands arcs soient plus lents que les petits, parce que le recul dans les grands arcs accélère les vibrations ; mais on ne doit rechercher l'isochronisme du spiral, ni dans les échappemens à repos, ni dans les échappemens à recul.

Si l'on pouvait construire un rouage assez parfait pour que la force motrice fût toujours transmise uniformément au régulateur, et que les huiles pussent se conserver constamment fluides, les arcs décrits par le balancier seraient toujours d'égale étendue et d'égale durée ; il serait alors inutile de rechercher l'isochronisme du spiral. On approche de cette perfection du rouage en faisant des pignons très nombrés qui donnent lieu à une fréquente rentrée de l'engrenage, et que les roues conduisent avec autant d'uniformité de force et de vitesse que si elles les conduisaient par le point de contact des cercles primitifs. Alors il y a peu de frottemens dans les engrenages ; c'est une simple pulsion.

Cette grande perfection du rouage est moins nécessaire lorsqu'on emploie l'échappement à vibrations libres et à force constante ; alors on peut se dispenser de rechercher rigoureusement l'isochronisme du spiral, la puissance motrice qui frappe le régulateur étant constamment la même ; mais si le froid vient à en augmenter un peu l'énergie, une compensation naturelle peut avoir lieu par l'epaississement des huiles aux pivots du balancier ; car l'augmentation, quoique légère, du frottement de ses pivots, influe nécessairement sur la durée des vibrations, et elles seront plus lentes ou de plus grande durée, même malgré l'isochronisme du spiral s'il y a usure aux pivots ou coagulation des huiles.

Les premières causes de la régularité des montres marines sont l'uniformité de force motrice, la constance et la réduction des frottemens, l'isochronisme des vibrations, et la correction des effets de la température. Le froid augmente la force du ressort moteur, et coagule en même temps l'huile qu'un met entre les lames, de sorte que cette coagulation lui enlève une partie de son énergie; mais ces deux effets sont à peu près compensés l'un par l'autre. A la longue le ressort perd une partie de sa force et se rend; les pivots perdent leur poli, l'huile qu'on y met s'épaissit, et les frottemens augmentent en même temps que la force motrice diminue; les arcs décrits par le balancier sont de moindre étendue, et c'est alors que l'isochronisme du spiral devient de toute nécessité, parce qu'il rend les petits arcs d'égale durée aux grands, lorsqu'il n'y a pas une grande différence dans leur étendue.

Pour la correction des effets de la température, on emploie un balancier d'acier ou de platine portant des lames de laiton soudées ou goupillées après l'acier, au nombre de deux, trois ou quatre; ces lames portent à leur extrémité libre une masse qu'on serre au moyen d'une vis lorsqu'on a trouvé le point de l'exacte correction. Il résulte de ce mécanisme, que ces masses sont rapprochées du centre du balancier, lorsque la chaleur dilatant le spiral, et agissant plus sur la lame de laiton que sur celle d'acier (puisque sa dilatation est plus grande), force celle d'acier à se courber intérieurement, et à faire avancer la montre autant que la chaleur l'aurait fait retarder. L'effet contraire a lieu par le froid, le laiton se condense plus que l'acier, et la lame de laiton en se retirant force celle d'acier à se redresser, et à porter les masses en dehors pour faire retarder autant que le froid aurait fait avancer. (Voyez ce balancier à deux lames, fig. 8.

Ce n'est qu'après de longues épreuves et de longs tâtonnemens qu'on parvient à placer les masses de manière à rendre la compensation exacte, en conservant l'équilibre du balancier par tous les changemens de température. F. Berthoud pensait que les différences qui auraient lieu par le changement d'équilibre feraient nécessairement partie de la compensation, si la montre restait dans la position verticale ; mais qu'il en résulterait de grandes variations qu'on ne pourrait corriger que par un travail très long, si la montre était en situation tantôt horizontale, et tantôt verticale. Non seulement nous partageons cette opinion, mais nous croyons encore que le changement d'équilibre entraîne la perte de l'isochronisme.

F. Berthoud pensait aussi qu'un balancier à deux lames ne pouvait suffire pour opérer la correction ; il en propose un à quatre lames ; je crois cependant qu'il est plus facile d'obtenir la compensation par deux lames, tel que la fig. 8 l'indique ; et qu'il est aussi plus facile de conserver l'équilibre au balancier. Ce serait un travail très long et très pénible que de corriger les effets de quatre masses sortant ou rentrant inégalement par les changemens de température ; car l'égalité de dilatation dans toutes les parties des deux métaux employés dans un tel balancier peut être regardée comme impossible ; quand même on employerait de l'acier fondu et du laiton également bien forgé partout, tourné juste d'épaisseur ainsi que l'acier, il pourrait bien arriver que chaque lame ne fut pas également dilatable dans toute sa longueur.

La position des masses réglantes et des masses compensatrices n'est pas indifférente ; il est très utile au contraire et très avantageux de placer les masses compensatrices dans la ligne horizontale, le balancier étant en repos, et les masses réglantes dans la verticale. Le balancier portant deux lames de correction étant parfaitement en équilibre par 10° réaumur, si, étant exposé au froid, la masse du côté de 3 heures est portée plus en dehors que celle du côté de 9 heures, la compensation peut avoir lieu, mais l'équilibre aura changé, et si l'on incline la montre sur 3 heures, elle avancera; et elle retardera sur 9 heures. Si la montre est suspendue, la perte d'équilibre changera moins sensiblement sa marche; mais si les deux masses compensatrices sont dans la verticale, ou près de cette ligne, la perte de l'équilibre causera de bien plus grandes variations. La masse 1 étant au haut, et la masse 2 au bas, le balancier par 10° R. étant exposé au froid, si la masse 1 est portée plus en dehors que la masse 2, la compensation peut être exacte; mais le balancier devenant plus pesant dans le haut, la montre retardera. L'inverse aura lieu par le chaud; cette masse 1, rentrant plus que la masse 2, rendra le balancier plus pesant dans le bas, et la montre avancera. Ce changement d'équilibre peut contribuer encore à changer l'étendue des arcs; car si la masse d'en haut est portée plus en dehors que celle d'en bas, les arcs peuvent être plus grands et plus lents, parce qu'il y a plus de pesanteur dans le haut; les arcs seront plus petits et plus prompts, si la masse d'en bas est portée plus en dehors. L'isochronisme aura changé et n'aura eu rigoureusement lieu qu'à une température moyenne; les variations seront encore plus sensibles si l'isochronisme a été réglé par une saison chaude ou froide.

Il est donc très important de s'assurer du parfait équilibre du balancier compensateur par tous les changemens de température. Pour l'éprouver, on peut le placer sur un instrument fait en forme de fourche dont les deux dents reçoivent sur une rainure très mince les pivots du balancier; on l'expose à une chaleur de 24° à 30° R. Les deux masses compensatrices étant dans la ligne horizontale, si l'une des masses descend, et qu'ensuite le balancier exposé au froid, cette même masse remonte, c'est une preuve que la lame qui la porte a trop d'effet, et il faut ramener cette masse près du centre de mouvement de sa lame, jusqu'à ce que le balancier étant exposé au chaud et au froid, les masses restent dans la ligne horizontale. Pour régler la compensation des effets de la température, on place la montre horizontalement; et quand la correction est à peu près exacte, on fait marcher la montre alternativement sur 3 heures et sur 9 heures, et si la marche est égale à la position horizontale, l'équilibre du balancier n'a pas changé.

Le célèbre Breguet a imaginé un mécanisme par le moyen duquel ses chronomètres ne varient pas par les changemens de position et inclinasion, ou lors même que le balancier compensateur perdrait son équilibre.

Ce mécanisme donne au balancier un mouvement de rotation sur lui-même en quelques minutes, de sorte que toutes les parties de sa circonférence sont alternativement dans la verticale et l'horizontale; ces sortes de montres sont appelées à tourbillons, et elles ont eu un plein succès; on en peut juger par la marche du chronomètre du général Brisbanne dont la variation diurne n'a pas passé une seconde et demie dans l'espace de seize mois, et qui, ayant fait le tour du monde, a rapporté l'heure juste.

Les artistes éprouvent des peines infinies à construire des balanciers à compensation qui conservent leur équilibre dans toutes les températures; c'est peut-être ce qui a engagé M. Breguet à inventer le mécanisme dont nous venons de parler. Il est tellement douteux de conserver exactement l'équilibre au balancier qu'on emploie dans toutes les montres marines la suspension de Cardan, afin de maintenir l'horizontalité de la montre malgré les agitations du vaisseau, le roulis et le tangage.

Nous avons vu que la perte d'équilibre du balancier faisait varier la montre, et nous avons dit qu'elle entraînait la perte de l'isochronisme du spiral; car un spiral isochrone ne pourrait pas corriger le retard, ou l'accélération produite par le changement d'équilibre du balancier à compensation. Nous avons rendu compte de ces effets.

F. Berthoud a fait un grand nombre d'horloges marines, et n'a jamais employé le balancier à compensation pour corriger les effets de la température: il appliquait une lame composée agissant sur un pince spiral mobile entre deux pivots; l'un des bouts de ce pince spiral appuyait contre cette lame, et à l'autre bout il avait pratiqué une petite fente entre laquelle passait le spiral, dont le tour extérieur se trouvait allongé ou raccourci par la lame qui se déformait par les différentes températures ; on voit qu'il ne craignait pas d'en changer l'isochronisme ; ce qui prouverait au contraire que le point de cet isochronisme a une certaine étendue, puisqu'en allongeant ou raccourcissant le spiral, il ne cessait pas d'être isochrone.

Cependant dans son *Traité des horloges marines N.* 261, F. Berthoud propose un balancier à compensation ; mais il ne lui paraît pas que ce moyen porte avec lui la précision indispensable ; il dit ailleurs : *De la mesure du temps N.* 660: « Cette méthode présente un avantage essentiel, celui de ne pas » changer la longueur du spiral, et par conséquent, de conser- » ver son isochronisme ; mais il est à craindre que cela trouble » l'équilibre du balancier, etc. » Comment se fait-il que deux idées contraires aient pu exister dans la même tête, la théorie du spiral par une longueur donnée qui détermine l'isochronisme, et la condamnation de la méthode conservatrice de cet isochronisme, le balancier compensateur.

Dans un rapport présenté à l'institut royal de France le 9 mars 1818, Fréderic Houriet du Locle assure que ses spiraux sphériques qu'il a formés d'une lame d'égale épaisseur dans toute sa longueur, donne l'isochronisme le plus parfait. L'auteur fonde cette propriété sur l'uniformité de force ascendante en progression arithmétique ; si elle est telle qu'on l'annonce, on doit être étonné que ce spiral ne soit pas mis en usage dans toutes les machines exactes.

L'isochronisme du spiral est-il absolument indispensable pour la régularité de la marche des chronomètres et montres marines ?

F. Berthoud n'a jamais considéré cette propriété du spiral que comme un accessoire utile (1); son horloge N. 8 avait un

(1) Eclaircissemens sur l'invention des horloges marines, page 45.

spiral qui n'était pas isochrone, et cette machine a marché avec la plus grande régularité dans deux épreuves d'une année chacune.

Harisson n'a pas connu l'isochronisme du spiral, cependant ses montres marines ont donné la longitude dans plusieurs voyages avec une telle exactitude que, par une première épreuve, sa montre n'avait varié que de 5″ $\frac{1}{10}$ après 81 jours ; et que dans une seconde épreuve elle n'avait qu'une erreur de 15 secondes après 156 jours de navigation. Son clou à cycloïde n'a été appliqué à sa montre qu'à son retour de la Jamaïque.

Harisson, comme nous l'avons dit, a remporté le prix proposé par l'acte du parlement, la douzième année du règne de la reine Anne ; ce prix était de vingt mille livres sterlings, ou cinq cent deux mille deux cents francs ; et la gloire de la découverte des longitudes en mer est restée à l'horlogerie.

Quoiqu'il soit fort difficile de conserver dans les changemens de température le parfait équilibre du balancier compensateur, je suis cependant fort éloigné de condamner ce régulateur ; mais si l'on adopte une compensation sur le spiral, on peut faire un balancier simple et à masses réglantes ; on y applique un spiral plan, cylindre ou conique, sur lequel agit une lame composée droite, courbe, ou de telle forme qu'on voudra ; on peut craindre de déranger l'isochronisme ; mais lorsqu'un spiral est fort long, le point de son isochronisme peut avoir une grande étendue, et telle que, s'il est isochrone en un point, il le serait encore en le raccourcissant, ou en le rallongeant d'un seizième, ou même d'un huitième de tour. Alors si l'on prend le terme moyen de ces deux points, qu'on y place l'extrémité libre d'une lame composée à une température moyenne, il s'en suivra que par le froid la lame se courbera du côté du piton du spiral, et permettra à la partie vibrante de s'allonger. Par la chaleur, la lame se courbera dans le sens inverse pour raccourcir le spiral, de manière à maintenir la correction des effets de la température, et le spiral aura pu conserver son isochronisme.

Je suppose qu'on applique à un balancier un spiral qui soit fort long, comme dix à douze tours ; on fait marcher la montre pendant six heures, plus ou moins, par les plus grands arcs que peut décrire le balancier ; ensuite on diminue la force motrice, ce qui diminue l'étendue des arcs, et on fait marcher la montre pendant le même temps. Si les grandes vibrations sont plus lentes que les petites, on raccourcira le spiral de proche en proche, jusqu'à ce qu'enfin les petites et les grandes vibrations soient d'égale durée. On marquera ce point sans couper le spiral ; on diminuera encore la longueur du spiral en le serrant au piton environ deux lignes plus loin ; on fera de nouveau marcher la montre pendant le même espace de temps, et si la marche est égale au premier point par les grands et les petits arcs, il y est encore isochrone ; alors on peut placer la lame composée entre ces deux points. On éloignera le piton d'environ 70 à 80 degrés, et l'isochronisme du spiral pourra être conservé à toutes les températures.

Si le balancier compensateur corrige les effets du chaud et du froid, produits non-seulement par le changement de diamètre du balancier, mais encore par la différence d'élasticité du spiral, cette compensation sur le spiral pourrait aussi corriger les effets de la température, en même temps sur le balancier et sur le spiral. Quelques essais de la part des savans artistes qui s'occupent de confectionner un grand nombre de chronomètres et montres marines pourraient peut-être confirmer ce que j'avance. Combien de peines on s'éviterait par ce moyen ! Car un balancier à compensation soudé ou goupillé est fort long, et très difficile à exécuter, et, s'il ne satisfait pas à un nombre infini d'épreuves souvent réitérées, il est rejeté, et il en faut construire d'autres qui souvent ne réussissent pas mieux.

Les épreuves de l'isochronisme du spiral appliqué au balancier sont fort longues et délicates, et l'on est souvent tenté de rejeter sur le spiral l'erreur du balancier, et sur le balancier l'erreur du spiral. On fait ordinairement ces deux épreuves séparément, et on finit par les faire marcher ensemble, mais il arrive souvent que le balancier détruit l'isochronisme.

Il serait inutile de chercher à opérer la correction des effets du chaud et du froid sur un spiral non isochrone, comme il est inutile de rechercher l'isochronisme du spiral appliqué aux échappemens à repos et à recul; car on a vu qu'on ne peut l'obtenir qu'avec les échappemens à vibrations libres. On peut aussi se dispenser de rechercher des spiraux d'un isochronisme parfait pour les échappemens à force constante, mais il est toujours bon qu'ils le soient autant que possible; cela ne peut qu'augmenter la régularité de la marche de ces machines, destinées à l'exacte mesure du temps.

Si, adoptant la compensation sur le spiral en conservant son isochronisme, on peut parvenir à construire des chronomètres aussi exacts que ceux où la correction est produite par le balancier, on s'épargnerait bien des peines et des épreuves, et ces machines pourraient être livrées aux marins, aux astronomes et aux amateurs à des prix fort au dessous de ceux actuels.

Lu à l'académie des sciences le 9 mai 1833.

ESSAI

SUR LE RHABILLAGE;

RECHERCHES SUR LES CAUSES D'ARRÊT DES MONTRES; MOYENS DE LES CORRIGER.

L'art de l'horlogerie est la science de la mesure du temps. Il est indispensable que ceux qui veulent l'exercer connaissent les lois du mouvement des corps; il faut qu'ils soient mathématiciens, physiciens, géomètres, etc.; qu'ils soient non-seulement nés avec le génie propre à saisir l'esprit des principes, mais encore qu'ils soient pourvus du talent d'en faire une juste application. On n'entend donc pas ici par l'horlogerie, ainsi qu'on le croit assez généralement, le mérite d'exécuter machinalement des montres et des pendules par une imitation servile, et sans savoir sur quoi ce mécanisme est fondé; ce sont là les fonctions du manœuvre; mais on entend que c'est l'art de disposer une machine d'après des principes, d'après les lois du mouvement, en employant les moyens les plus simples et les plus solides; et c'est là l'ouvrage de l'homme de génie. Si l'on veut former un artiste horloger qui puisse devenir célèbre, il faut sonder sa disposition naturelle et lui apprendre toutes les sciences attachées à cet art; telles que la physique, la géométrie, le calcul, la mécanique, les mathématiques; et l'astronomie si l'on veut qu'il puisse composer quelques machines célestes. Il faut être physicien, pour connaître les lois du mouvement, la dilatation et la condensation des métaux employés dans les machines, etc.; géomètre, pour déterminer la courbure qu'il faut donner aux dents des roues; mécanicien, pour connaître la force qu'il faut appliquer aux machines, et les résistances qu'elles éprouvent par les frottemens, etc.; mathématicien, pour calculer les révolutions des roues pour un temps donné, trouver la longueur du pendule pour un nombre de vibrations déterminées, fixer le nombre de dents des roues et des pignons, etc.

Jusqu'à Huygens, l'horlogerie pouvait être considérée comme un art mécanique qui n'exigait que la main d'œuvre; mais les admirables découvertes qu'il dut à l'usage de la géométrie et de la mécanique ont fait de l'horlogerie une science ou la main d'œuvre n'est plus que l'accessoire, et dont la partie principale est la théorie du mouvement des corps qui comprend ce que la géométrie, le calcul, la mécanique ont de plus sublime.

On voit donc que pour pouvoir posséder à fond l'art de l'horlogerie, il faut avoir la théorie de toutes ces sciences, le talent de l'exécution et un génie propre pour inventer; trois choses qui ne sont pas faciles à réunir. On a jusqu'ici regardé l'exécution comme la partie principale, au lieu qu'elle n'est que la dernière; cela est si vrai qu'une montre ou une pendule la mieux exécutée fera de très grands écarts, si elle n'est pas construite sur de bons principes; et au contraire cette machine médiocrement exécutée ne laissera pas que d'aller fort bien, si les principes dont on s'est servi pour la composer sont bons. Si la justesse des machines qui mesurent le temps dépend principalement des principes, pour avoir une machine parfaite, à la composition la plus exacte il faut joindre la plus scrupuleuse exécution; c'est à la théorie à diriger la main, et à placer à propos les opérations délicates.

On ne prétend cependant pas qu'il faille négliger la main d'œuvre, mais persuadé qu'elle ne doit être qu'en sous-ordre, et que ce n'est que le mérite de l'ouvrier, ce dont il n'est pas ici question, il faut apprécier le mérite de la main, et celui du génie, chacun selon sa valeur.

Ceux qui exercent l'art de l'horlogerie sont communément appelés horlogers, mais il est à propos de distinguer l'horloger, comme on l'entend ici, de l'artiste qui possède les principes de l'art; ce sont deux personnes absolument différentes. Le premier exerce l'horlogerie sans en avoir les premières notions, et se dit horloger, parce qu'il travaille à une partie de cet art ou qu'il en fait le commerce; le second embrasse cette science dans toute son étendue. Un tel artiste ne s'occupe pas d'une seule partie, il fait les plans des montres et des pendules, ou des autres machines qu'il veut construire; il détermine la position de chaque pièce, leurs directions, leurs fonctions, les forces qu'il faut employer, les dimensions, etc. en un mot, il construit l'édifice : et quant à l'exécution, il exécute lui-même, ou il fait choix d'ouvriers qui sont capables d'en travailler chaque partie, avec toute la précision possible. Il faut donc qu'un tel artiste soit en état d'exécuter lui-même toutes les parties qui constituent les montres et les pendules; car il ne peut diriger et conduire les ouvriers que dans ce cas, et encore moins pourrait-il corriger leurs ouvrages s'il ne savait pas travailler. Il est aisé de voir qu'une machine d'abord bien construite par l'artiste, et ensuite exécutée par différens ouvriers, est préférable à celle qui ne serait faite que par un seul et même artiste, parce qu'il n'est pas possible à un même homme de s'occuper de la recherche des principes, de faire des expériences, et d'exécuter en même temps avec la perfection dont est capable l'ouvrier qui borne toutes ses facultés à faire tous les jours les mêmes pièces.

En jugeant de l'état actuel de l'horlogerie par celui de la main d'œuvre, on imaginerait que cet art est parvenu à son plus haut degré de perfection. En effet on exécute aujourd'hui les pièces d'horlogerie avec des soins et une délicatesse surprenante; cela prouve sans doute l'adresse de nos ouvriers, mais nullement la perfection de la science, puisque les principes sont encore inconnus à bien des ouvriers, et que la main d'œuvre seule ne donne pas la justesse de la marche des montres et des pendules. Or cette justesse est la science de l'horlogerie. Il serait donc à souhaiter que l'on s'attachât davantage aux principes, et qu'on ne fît pas consister le mérite d'une montre simplement dans l'élégance de l'exécution qui n'est que l'effet de la main, mais bien dans l'intelligence de la composition, ce qui est le fruit du génie.

L'horlogerie ne se borne pas uniquement aux machines qui mesurent le temps; cet art étant la science du mouvement, on voit que tout ce qui concerne les machines peut être de son ressort; aussi de la perfection de cet art dépend celle de différentes machines et instrumens, comme par exemple les instrumens propres à l'astronomie, à la navigation, aux mathématiques, etc.

On distingue plusieurs sortes d'ouvriers qui travaillent ou qui s'ingèrent de travailler à l'horlogerie : les premiers dont le nombre est le plus considérable sont ceux qui ont pris cet état sans goût, sans disposition, ni talent, et qui le pratiquent par routine, sans application, et sans chercher à sortir de leur médiocrité et même de leur ignorance; ceux-là travaillent simplement pour gagner de l'argent. Les seconds sont ceux qui, par un désir bien louable de s'élever au dessus du commun des artistes, cherchent à acquérir les connaissances et les principes de l'art, mais aux efforts desquels la nature ingrate se refuse. D'autres malheureux copistes, dépouillant les hommes de génie pour s'attribuer leurs découvertes et leurs inventions, se font, près des gens crédules, qui croient ces charlatans sur parole, une réputation qui n'est basée que sur une main d'œuvre, exécutant machinalement ce qu'on leur a appris. Enfin le petit nombre renferme des artistes intelligens qui, nés avec des dispositions particulières, et possédant l'amour du travail et de l'art, s'appliquent à découvrir de nouveaux principes, et à approfondir ceux qui sont déjà établis.

Pour être un véritable artiste, il ne suffit pas d'avoir un peu de théorie, quelques principes généraux de la mécanique, et d'y joindre l'habitude du travail; il faut de plus une disposition particulière que l'on ne tient que de la nature : cette disposition seule tient lieu de tout. Lorsqu'on est né avec ce génie, on ne tarde pas à acquérir le reste, et un tel artiste n'exécute rien dont il ne sente les effets, ou qu'il ne cherche à les analyser. Rien n'échappe à ses observations; et quel chemin ne fera-t-il pas dans son art s'il joint à toutes ses dispositions l'étude de toutes les découvertes faites jusqu'à son temps? Il est rare sans doute de trouver des génies assez heureux pour réunir toutes ces parties essentielles; mais il en est qui ont toutes les dispositions naturelles, à qui il ne manque que l'occasion d'en faire l'application, et qui se livreraient tout entiers à la perfection de leur art, si leur émulation était récompensée. Il ne faudrait pour rendre un service essentiel à l'horlogerie et à la société que distinguer ceux qui sont vraiment horlogers de ceux qui ne sont que de faibles ouvriers, ou même des charlatans.

Il est certain que les artistes qui ont enrichi l'horlogerie de nouvelles découvertes méritent tous nos éloges, puisque leurs travaux pénibles n'ont eu pour objet que la perfection de l'art pour lequel ils ont sacrifié leur fortune. Car il est bon d'observer qu'il n'en est pas de l'horlogerie comme des autres arts; tels que la peinture, l'architecture, la sculpture. Dans ceux-ci, l'artiste qui excelle est non-seulement encouragé et récompensé; mais comme il se trouve beaucoup d'amateurs en état de juger de leurs productions, la réputation et la fortune suivent ordinairement le mérite. Un excellent artiste horloger peut au contraire passer sa vie dans l'obscurité, tandis que des impudens plagiaires, des charlatans, et autres misérables marchands ou ouvriers jouiront de la fortune et des encouragemens dus au seul mérite ; car le nom que l'on se fait dans le monde porte ordinairement moins sur le mérite réel de l'ouvrage que sur la manière dont il est annoncé ; il est aisé d'en imposer au public qui se laisse facilement entraîner à croire un charlatan sur sa parole, parce qu'il est dans l'impossibilité de vérifier et de juger par lui-même si on ne lui en impose pas.

On doit d'autant plus tenir compte aux savans horlogers qui cherchent à étendre les limites de leur art, que parmi le grand nombre d'artistes qui travaillent à l'horlogerie, il y en a un très petit nombre en état de sentir le mérite de certaines recherches. Au reste cela ne doit pas empêcher un artiste de donner toute son application à son art ; car si dans le moment actuel les autres artistes ne tirent pas tout le fruit de son travail, insensiblement ceux qui le méditeront pourront non-seulement l'atteindre, mais encore le surpasser.

DU RHABILLAGE.

RECHERCHES SUR LES CAUSES D'ARRÊT DES MONTRES.

Pour bien connaître le rhabillage, ou l'art de raccommoder les montres, il est nécessaire de les savoir faire en entier, afin de pouvoir refaire les différentes pièces défectueuses ou usées, qu'on trouve trop souvent même dans les bonnes montres ; il faut savoir faire une ébauche, les pignons, le finissage dans toutes ses parties, les cadratures de répétition afin d'en bien connaître les fonctions, et avoir quelques notions des différens échappemens ; car il est aussi essentiel de bien raccommoder les montres que de les bien finir. Nous voyons beaucoup d'ouvriers très habiles à faire de bons finissages, mais qui ne sauraient pas les réparer, trouver leurs arrêts, ou les causes qui les font varier. Les particuliers trouveront très avantageux et très important de ne confier leurs montres qu'à des horlogers habiles et intelligens, capables de les bien réparer, et de rechercher avec la plus scrupuleuse attention les causes de leurs arrêts ou de leurs variations, car il est utile d'apprendre au public que les montres sont plutôt gâtées par les horlogers inhabiles que par les particuliers. Si le possesseur d'une montre la laisse tomber, il casse une ou plusieurs pièces ; il faut les refaire avec soin, et la montre bien réparée n'a pas l'air d'avoir été gâtée par une chûte. Mais les mauvais ouvriers laissent des traces de leur ouvrage, ils reforgent les platines pour resserrer des trous de vis, ils les liment lorsqu'ils rebouchent des trous, ou raccourcissent des vis trop longues, scient une barette pour rapprocher un engrenage, etc. Ces maux sont sans remèdes, nous les faisons sentir, et nous enseignerons les moyens de les éviter.

Dans le *Traité d'Horlogerie* de Thiout imprimé en 1741(1), M. Gaudron entre dans tous les détails nécessaires pour bien réparer les montres de cette époque, et les remettre en état, lorsque par le temps les différentes pièces se sont usées, ou qu'elles n'ont pas été trés soignées, ni bien repassées par des ouvriers négligens ou infidèles, qui laissent des défectuosités aux pièces qui les composent. Les montres de notre époque étant différentes de celles des siècles passés, nous ne devons nous occuper que de celles-ci ; nous commencerons par examiner une montre toute remontée, et dans sa boîte ; nous nous assurerons de sa bonté, ou de ses défauts et imperfections, et nous enseignerons la manière de les corriger et de la repasser. Puis nous traiterons du rhabillage, en indiquant les meilleurs moyens de raccommoder les montres, etc.

Lorsqu'une montre ordinaire est finie, remontée, dorée, et mise dans sa boîte, il faut l'examiner avec soin dans tous ses détails avant de la démonter. On verra si la lunette ou le verre

(1) Lepaute dans son traité répète l'article de M. Gaudron, et on le retrouve aussi dans le *Manuel*, ou l'*Art de l'Horlogerie*.

ne force pas sur le cadran, si le carré de la chaussée ou le bout de l'aiguille de minutes ne touche pas au verre, si elle tourne bien parallèlement au cadran, et n'en est pas plus éloignée d'un côté que de l'autre; si elle ne raccroche pas à l'aiguille des heures, et si cette aiguille ne raccroche ni au carré de fusée qui quelquefois déborde, ni à la garniture du trou de remontoir qui souvent se soulève; on conduira les aiguilles par le carré, et l'on s'assurera si la chaussée tourne gras sur sa tige sans être trop serrée; si elle n'est pas trop lâche par endroit, et serrée dans un autre, ce qui indiqueroit que la tige n'est pas ronde, et dans ce cas l'aiguille resterait en arrière, lorsqu'en la mettant à l'heure elle se trouverait dans l'endroit où elle ne serre pas. Ayant ôté le cadran, on verra s'il n'y a pas de lanterne à la chaussée; alors il en faut faire une, et retourner la tige de grande moyenne, afin qu'elle serre également partout, mais pas trop, parce qu'on courrait risque de casser des dents à cette roue, des ailes au pignon de petite moyenne, ou son pivot d'en bas. On frappera un léger coup de marteau sur la lanterne, afin qu'elle serre contre la tige, de manière à être conduite avec un frottement doux. La roue de cadran doit avoir un jeu convenable, afin de ne pas désengrener le pignon qui la conduit, et ne pas se gêner contre le cadran en faisant tourner la chaussée; si la longue tige n'est pas goupillée, il faut qu'elle soit tournée un peu en retranche, afin que la lanterne y entre, et empêche la chaussée de remonter, ainsi que la roue de cadran. On examinera les engrenages de la chaussée avec la roue de renvoi, et du pignon de renvoi avec la roue de cadran; ces engrenages doivent être le plus fort possible, afin d'avoir peu d'ébat, et sans gène ni arcbouttemens qui puissent arrêter la montre. La roue de cadran doit être libre sur la chaussée, et celle de renvoi doit avoir un peu de jeu, et être tournée en dessous, afin qu'il n'y ait qu'un filet qui appuie sur la platine; car lorsque tout le plat de cette roue y frotte, l'huile qu'on met au pivot de longue tige s'extravase sous cette roue, s'épaissit et contribue à arrêter le rouage. On examinera si les pieds du cadran, ou leurs goupilles, ne touchent pas à la roue de champ, au barillet, à la fusée, sous la plaque de potence en la faisant soulever, etc.

Avant de démonter le mouvement, on l'examinera avec soin et dans tous ses détails : on verra si le barillet ne touche pas à la petite platine et s'il est bien droit en cage, s'il ne frotte pas à quelques vis, ou son bord à la potence, et si son crochet de chaîne ne frotte ni au pilier ni à la potence; on s'assurera de même que la fusée ne frotte ni à des vis ni aux platines, qu'elle est droite en gage, que le crochet ne touche pas au garde-chaîne en revenant, et que son arrêtage se fasse sûrement. La grande moyenne ne doit toucher ni au barillet, ni à la fusée, ni à la potence, et doit être bien droite en cage, afin que les aiguilles soient toujours bien parallèles au cadran. La petite moyenne doit avoir le jeu convenable entre sa barette et la grande moyenne; si c'est un calibre à la Berthoud, elle ne doit pas toucher au nez de potence, ni à la tête du ressort quand on ouvre le mouvement, ni aux dents de la roue de fusée; la tige de son pignon ne doit pas toucher aux ailes du pignon de rencontre. On examinera l'engrenage de la roue de champ avec le pignon de rencontre s'il n'est ni trop fort ni trop faible, ces deux cas feraient arrêter la montre; si la roue de champ ne touche pas à la tige de la petite moyenne, à la contre-potence ou à ses vis, si les tiges de champ et de rencontre ne se touchent pas, si le fond de la roue de champ ne frotte pas au nez de la contre-potence.

La roue de rencontre doit être libre et avec le plus petit jeu possible; elle ne doit pas toucher à la virole du spiral, et être assez loin du nez de potence, afin d'avoir un petit tigeron à la verge pour que l'huile ne monte pas à la palette. Les ailes du pignon ne doivent pas frotter sur la platine, le bout du pivot de la contre-potence doit appuyer contre sa plaque. La verge doit tourner bien rond; elle ne doit pas avoir trop de jeu en hauteur, afin de ne pas brider le spiral. On verra si ses palettes ne touchent pas au lardon ou à la petite platine (celle d'en bas doit dépasser un peu la roue de rencontre), si le corps de la verge n'est pas trop près du lardon pour enlever l'huile du pivot de la roue de rencontre, en ôtant ou replaçant la verge. On verra si les jours du balancier sont bien égaux du côté du coq et de la coulisse, s'il tourne bien rond et bien droit, s'il ne frotte nulle part, si les trous ne sont pas trop grands, et si les pivots frottent bien sur la plaque de potence et sur le coqueret, s'ils sont le plus plat possible aux bouts et sans grater sur l'ongle, si le spiral se déploie bien également, s'il est bien droit, et ne touche pas au piton, et si le premier tour passe juste entre les deux goupilles du rateau ou de la raquette, en la faisant mouvoir depuis l'extrémité de l'avance jusqu'à l'extrémité du retard. La virole du spiral doit tourner rond et droit, et la goupille qui fixe le spiral ne doit pas dépasser en dedans, parce qu'en faisant tourner la virole pour mettre le spiral d'échappement, on le dérangerait. Le piton du spiral doit être placé de manière à ce que les goupilles du rateau ne forcent pas le spiral, et ne le portent ni en dedans ni en dehors; ce serait une cause d'avancement ou d'arrêt. Il doit être à une ligne et demie environ de distance de la queue du rateau, lorsque l'aiguille est à l'extrémité du retard, afin que la goupille qui fixe le spiral au piton ne puisse être atteinte et déplacée. La queue du rateau ne doit pas être trop épaisse, afin de ne pas soulever le spiral et le faire frotter au balancier; ce serait une cause d'arrêt ou de variations.

On fera mouvoir l'aiguille de la rosette, et l'on verra si le rateau marche sans secousse et sans jeu; cet engrenage doit serrer et être assez près pour qu'il n'y ait point de perte de temps, afin de faire marcher le rateau par un mouvement presqu'insensible de l'aiguille; on s'assurera si la coulisse ne se soulève pas et si le rateau ne désengrène pas, soit parce que les dents du rateau seraient trop minces ou trop courtes, ou bien celles du rosillon, parce que dans ce cas on croirait avoir fait marcher le rateau, il n'aurait pas changé de place et la montre aurait conservé la même marche soit en avance ou en retard.

On verra si les pivots de toutes les roues sont bien à fleur du fond des réservoirs d'huile; car s'ils dépassaient et qu'il vinssent à s'user, il n'y aurait que la partie qui frotte dans le trou qui s'userait, et le bout resterait en dehors du trou en forme de chapeau et ôterait la liberté à la roue; s'ils étaient trop courts, ils useraient les trous de manière à laisser au dessus du pivot, une surfarce qui ôterait encore la liberté à la roue; il ne doit donc déborder du fond du réservoir que la partie arrondie du pivot, et les roues ne doivent avoir de jeu en cage que le moins possible, et seulement pour l'huile.

Avant de lever le coq on s'assurera de l'échappement en faisant tourner le balancier avec une cheville de fusain; on verra si les chûtes de la roue de rencontre sont bien égales, et s'il n'y a pas de raccrochement; on conduira le balancier jusqu'à ce que la goupille touche contre la coulisse, afin de s'assurer qu'il n'y a pas de renversement; on fera faire le tour entier de la roue de rencontre, et l'on verra en même temps si l'échappement lève environ 40 degrés; s'il ne les levait pas, on rapprocherait l'échapppement. Si les palettes étaient trop larges, on les diminuerait un peu avec du gros rouge. On verra aussi, si la goupille de renversement touche à la platine ou au rateau, en le faisant mouvoir du côté de l'avance ou du retard, aux goupilles des piliers ou à la barette de champ dans les anciennes montres, et si, par le mouvement du balancier, cette goupille ne passe sur la coulisse ou à côté de l'entaille, et y reste.

On lèvera le coq, et on s'assurera de la solidité de ses vis, si elles serrent bien sans forcer ni gêner dans les noyures du coq et sans le brider; on ôtera le balancier et on laissera courir doucement le rouage en retenant la roue de champ avec un papier de soie; on verra si elle tourne rond et droit, ainsi que toutes les roues, le barillet et la fusée; si le crochet de fusée ne raccroche pas le garde-chaîne ou son ressort, si le crochet de la chaîne ne touche pas les ailes du pignon de centre, si le cliquet de l'encliquetage, en prenant du jeu, ne touche ni à la platine ni aux dents ou aux croisées de la grande moyenne, ce qui causerait un arrêt. On verra si les roues ont en cage le jeu convenable, et si les trous ne sont ni trop grands, ni trop justes.

On remarquera s'il y a un repère à l'arbre du barillet, afin de le remettre à son même degré de bande en remontant le mouvement; on ôtera les goupilles et l'on verra si elles ne brident pas la petite platine; on lèvera cette platine qui doit être libre sur ses piliers et sans y être forcé. Le mouvement ainsi démonté doit être examiné dans toutes ses parties, et chaque pièce en particulier.

On s'assurera si tous les pignons sont bien de grosseur, et on vérifiera tous les engrenages, les premiers surtout sont les plus importans. Celui de la roue de fusée avec le pignon du centre est le plus rapproché de la force motrice, et les frottemens y sont d'autant plus grands et y durent plus long-tems; chaque aile d'un pignon de 12, met 5′ à passer, et celle d'un pignon de 10, reste 6′ en prise, si pendant ce temps il y a perte de force, que les autres engrenages soient aussi défectueux, et en perdent dans le même instant, il y aura tour à tour des précipitations et des lenteurs, peut-être l'arrêt de toute la machine.

L'engrenage de la roue de champ sera examiné de nouveau avec un soin tout particulier, parce que c'est la cause d'arrêt de la plupart des montres; le pignon de rencontre doit tenir un peu du petit parce que la roue de champ ne décrit pas comme les autres roues une ligne circulaire, mais une ligne droite comme une crémaillère qu'on aurait courbée, et dans ce cas le pignon est plus petit. La denture de la roue de champ doit être un peu en pointe et dégagée, afin qu'elle ne se gêne pas dans les ailes du pignon et que les dents soient bien taillées et arrondies, parallèlement à la tige de son pignon, afin qu'il y ait toute la liberté possible à cet engrenage dans le moment du recul de l'échappement qui y est très sensible.

DES PLATINES.

Les deux platines doivent être partout d'égale épaisseur bien dressées, ni creuses ni bombées au centre; la petite doit être bien libre sans brider ni gêner sur les quatre piliers qui doivent être justes de la même hauteur; les trous des goupilles doivent être percés à raz de la petite platine, afin que les goupilles la fassent joindre sur les piliers.

DU BARILLET ET DU RESSORT.

Le barillet doit tourner parfaitement rond et droit sur son arbre, il doit être libre, et les trous bien justes; le trou pour accrocher la chaîne, percé et écarissé en biais, afin que le crochet de la chaîne s'y maintienne sans se décrocher; ce trou doit être à l'extrémité du ressort, afin que le crochet se loge dans l'intervalle du premier tour du ressort, et la paroi du barillet. L'arbre doit avoir pour diamètre le tiers de l'intérieur du barillet; le ressort doit faire quatre tours et demi à cinq tours; il doit se développer sans sauts et sans frottemens; il est bon qu'il y ait une bride; elle force les premiers tours en se développant, à s'appuyer contre l'intérieur du barillet; elle prévient le frottement des lames du ressort, et elle est de la plus grande utilité. Les crochets de l'arbre et du barrillet doivent être solides, et ne doivent pas excéder l'épaisseur du ressort; lorsque celui de l'arbre est trop saillant, il peut contribuer à le faire casser. Celui du barillet lui ôte une partie de ses tours; ils doivent donc être faits de manière à ce que le ressort s'y accroche solidement.

DE LA FUSÉE.

Il faut s'assurer de son encliquetage, et remarquer si chaque dent du rochet est bien arrêtée par le cliquet; si celui-ci est bien rivé; s'il est libre et obéit bien au ressort qui le presse, s'il est assez long pour ne pas rétrograder, et s'il remplit bien l'espace compris entre chaque dent. Le crochet de fusée doit être solidement fixé par sa vis, et la partie qui arrête contre le garde-chaîne doit être limée de manière à viser au centre de l'arbre; la goupille qui sert à accrocher la chaîne doit être en dedans de la fusée autant que possible, afin que le crochet de la chaîne ne touche pas aux ailes du pignon du centre. Le sommet de la fusée doit avoir pour diamètre les trois cinquièmes de sa base; elle doit être taillée pour recevoir la chaîne en un nombre de tours proportionné aux dents de la roue de fusée, et aux ailes du pignon du centre pour pouvoir marcher 30 à 32 heures. Si la roue de fusée a 60 dents engrenant dans un pignon de 12, le pignon fera 5 tours pour un de la fusée; alors on la taillera en 6 tours pour 30 heures; si le pignon est de 10, il fait 6 tours pour un de la roue, et on la taillera en 5 tours seulement. Le garde-chaîne doit viser au centre de la platine, et faire un angle droit avec le crochet de fusée, lorsque celui-ci vient faire arrêt; il est nécessaire qu'il y ait une petite entaille au bout, afin que le crochet limé un peu en biais s'y arrête sûrement; son ressort ne doit avoir que la force nécessaire pour lever le garde-chaîne; il le faut donc le plus faible possible, afin que la chaîne ne fasse pas effort pour le faire arrêter. Le garde-chaîne doit être dégagé en dessous, afin que le crochet n'y touche pas après le premier tour et n'arrête pas la montre.

DE LA CHAINE.

La chaîne doit remplir exactement les pas de la fusée sans s'y gêner; elle doit être bien souple, et assemblée bien carément, afin qu'elle ne se couche pas sur le barillet. Pour lui donner la longueur convenable, on l'enveloppe sur la fusée et lorsque le dernier tour devient parallèle au crochet, on lui laisse encore environ un pouce; lorsqu'elle est trop longue, le second tour remonte sur le premier, et fait arrêter la montre en frottant à la potence ou au pilier; trop courte, elle force le crochet à se décrocher du barillet ou à casser.

DES ROUES ET DES PIGNONS EN GÉNÉRAL.

Elles doivent tourner rond et droit sur leur tige ou pignon; être d'égale épaisseur partout, et d'équilibre. Les dents doivent être bien d'égale grosseur; lorsqu'il y a de grosses et de petites dents, l'engrenage ne peut être bon ni uniforme: il y a des chutes par endroits, et des arcboutemens dans d'autres, et si ce cas se rencontre dans plusieurs engrenages à la fois, il y a arrêt. Les pignons doivent être bien faits et bien arrondis en forme de grains d'orge, surtout ceux de six qui sont le plus en usage. Lorsqu'ils sont trop en planche, le cercle primitif du pignon est plus en dehors, et il se trouve trop gros, surtout si l'on a pris la grosseur juste. Les ailes doivent être également espacées, et d'égale grosseur partout. Ils doivent être bien trempés, bien polis, et tourner rond.

DES ENGRENAGES.

Ils doivent être le plus fort possible et sans arcbouter; l'aile du pignon doit être conduite par la dent de la roue le plus près qu'il se pourra de la ligne des centres; mais on doit éviter de faire conduire avant cette ligne, parce qu'il en résulte plusieurs inconvéniens également nuisibles; le frottement à la rentrée, qui est d'autant plus fort que l'angle est plus grand, tels les pignons de six, la poussière et les ordures qui sont poussés au fond du pignon par les dents de la roue.

Le pignon de six, pour faire un assez bon engrenage, doit être maigre, et la dent de la roue qui le conduit doit avoir plus de plein que de vide, l'épicycloïde en sera plus grande et plus facile à former; l'aile du pignon, ou du moins l'excédant sur le cercle primitif, doit être formé de deux épicycloïdes plutôt que d'un demi-cylindre, le frottement à la rentrée de l'engrenage en sera beaucoup plus doux. On nomme ces pignons, à grains d'orge.

DES PIVOTS.

Pour faire leurs pivots, quelques ouvriers ont la mauvaise habitude de recuire l'extrémité des tiges des pignons, afin d'avoir moins de peine à les tourner, et de ne pas user leurs limes. Ces pivots ne sont pas durs, et s'usent en très peu de temps; c'est ce qui arrive aux montres de bas prix et qui sont peu soignées. Dans les bonnes montres, on doit laisser les tiges trempées et revenues bleues; alors les pivots ont la dureté nécessaire : ils doivent être bien ronds, cylindriques et de bonne grosseur, les bouts arrondis ne doivent pas gratter sur l'ongle. On donne ordinairement pour grosseur dans les montres de 18, 20 ou 21 lignes $\frac{8^{me}}{48}$ de ligne au pivot du pignon du centre; $\frac{6^{me}}{48}$ à ceux de petite moyenne; $\frac{4^{me}}{48}$ à ceux de champ; et $\frac{3^{me}}{48}$ à ceux de rencontre et de verge. Ces grosseurs peuvent varier selon que les montres sont plus grandes ou plus petites, plus hautes ou plus basses. On peut tenir un peu plus gros les pivots du côté de l'engrenage.

DE LA ROUE DE RENCONTRE.

La roue de rencontre est ordinairement parallèle à la petite platine, et la tige de son pignon ne doit pas en approcher plus d'un côté que de l'autre; elle doit être placée à fleur du dessus de la petite platine, et laisser assez de jour entre le nez de potence, pour obtenir un assez long tigeron à la verge, et de manière que la petite palette déborde un peu la roue de rencontre. Ses dents sont impaires; elles devront être assez inclinées, afin de diminuer le recul des palettes. Cette inclinaison est de 28 à 30 degrés : on pourrait leur en donner environ 35, il suffit que la palette ne frotte pas derrière la dent lorsque celle opposée effectue la levée. Elle devra être taillée bien juste, refrisée devant ; et il faut passer un brunissoir sur le bout de chaque dent, en l'arrondissant un peu. Il y a des ouvriers qui trempent dans l'huile le bout des dents, et exposent sur le revenoir la roue placée sur ses dents ; ils la chauffent jusqu'à ce que l'huile fume et la jettent dans l'eau froide ; ils prétendent préserver ainsi de l'usure les palettes de la verge. J'ai fait, il y a plus de trente ans, des roues de rencontre en or et en acier : celles d'or n'ont pas préservé les verges, mais celles d'acier ont bien réussi, moyennant un peu d'huile aux palettes.

DU BALANCIER.

Le balancier doit avoir trois bras, et pas davantage ; ils doivent être limés de manière à ce qu'ils opposent à l'air la moindre résistance possible ; le centre doit être étroit, et la serge bien égale en largeur et en épaisseur, afin qu'étant rivé, le balancier soit en équilibre, et que tout son poids se trouve à sa circonférence. Aucun artiste n'a déterminé le diamètre des balanciers : ils varient selon la grandeur de la montre, sa hauteur, le nombre des vibrations qu'il bat, etc. Quelques ouvriers donnaient pour diamètre cinq fois la hauteur du ressort : cette dimension doit varier encore, quoiqu'il semble qu'on doive établir un rapport entre la force motrice et le régulateur. Un artiste prétend que le balancier doit suivre la même loi que le pendule, et que son diamètre doit être juste dans le rapport de ses vibrations. Nous ne pouvons partager une semblable opinion ; car il faudrait un balancier de même grandeur dans les grandes et les petites montres, ce qui est impraticable.

DE LA VERGE.

La verge se fait en acier carré préférablement à l'acier tiré à la filière. Autrefois on les entaillait selon la longueur de l'axe, on les nommait verges à filet ; actuellement on les entaille à angles droits sur l'axe, et on les nomme verges entaillées. Il semble qu'elles valent mieux, parce que les dents de la roue de rencontre agissent sur les palettes dans le sens du poli. La verge doit être ouverte à 100 degrés environ, et la largeur de ses palettes se prend sur le diamètre de la roue de rencontre, selon le nombre de ses dents; pour 13 dents, on divise ce diamètre en six parties, dont l'une donne la largeur des palettes. Elle doit être trempée revenue jaune, et ses pivots bleus; ils doivent être tournés ronds et cylindriques, et les bouts le plus plat possible, sans gratter sur l'ongle; l'assiette doit tourner bien rond, et bien droit.

DU SPIRAL.

Le spiral doit être plié en plusieurs tours serrés comme 8 à 10, et même plus. Il doit avoir pour diamètre un peu moins du rayon du balancier, et être plus fort du centre que du dehors, afin qu'en donnant le moindre mouvement au balancier, le spiral vibre dans toute sa longueur; s'il est faible au dehors, la montre sera plus facile à régler. En menant le rateau d'une extrémité à l'autre, on peut changer sa marche de plus de 20 minutes, tandis que, s'il est faible au centre, il faut faire décrire au balancier 10 ou 20 degrés, peut-être plus, avant que le tour du dehors commence à vibrer. Ce centre étant plus fatigué, puisqu'il fait plus de chemin, est plus sujet à casser par les grands arcs; le tour du dehors étant plus fort vibre à peine; et en menant le rateau d'une extrémité à l'autre on ne change que de quelques minutes la marche de la montre. Il doit être placé bien droit sur la virole, être bien centré, ainsi que retenu bien droit sur son piton. En faisant mouvoir le rateau, le spiral doit toujours être entre les deux goupilles; il ne doit les toucher qu'en vibrant. Le meilleur spiral appliqué au balancier, la montre étant réglée, est celui qui, en le soulevant par son piton pour essayer sa force, ferait un cône dont la hauteur égalerait la base; il serait plus en rapport avec le poids du balancier, si les vibrations ne dépassaient pas 17000 à 18000.

Pour les montres à demi-secondes qui donnent 14400 vibrations, le cône du spiral doit être plus allongé en raison du plus grand diamètre du balancier, de son plus grand poids, et de la faiblesse du spiral proportionnée au nombre des vibrations. Lorsque le spiral vibre, tous les tours doivent vibrer également, s'ouvrir et se fermer ensemble, sans s'écarter les uns des autres et tourner bien rond. On ne peut apporter trop de soin à bien poser un spiral, la bonté et la régularité de la montre en dépend essentiellement.

La virole du spiral doit tenir solidement et à frottement sur l'assiette de la verge, ainsi que le piton sur la platine, en sorte que les vibrations du spiral ne soient pas dans le cas de faire tourner la virole, ni de faire remuer le piton; car dans ce cas la force communiquée à l'échappement, dont le spiral fait partie, serait employée à ébranler les pièces qui le retiennent, et, comme il ne restituerait pas la force qui lui est transmise, les vibrations se ralentiraient; ce qui causerait de grandes variations à la machine.

C'est dans le moment où le balancier achève sa vibration pour commencer la suivante, qu'il est le plus puissamment commandé par le ressort spiral qui est alors à son plus haut degré de tension; et lorsqu'il est au milieu de sa vibration, c'est alors que le spiral est à son repos. Le régulateur reçoit entièrement l'influence du rouage, il conserve encore l'effet accéléré et rapide que lui a communiqué le spiral en le ramenant de l'extrémité de l'arc de vibration jusqu'au milieu de cet arc; mais cet effet accéléré et rapide se détruit dans la seconde demi-vibration pour renaître dans la suivante, et ainsi de suite.

Nous avons fait connaître en partie les causes des arrêts des montres; nous avons vu aussi comment, et sur quels principes devaient être établies les bonnes montres, il nous reste à voir comment on doit corriger leurs défauts, et les soins qu'il faut apporter en les remontant après les avoir nettoyées et réparées ; c'est ce qui constitue le rhabillage. Nous allons donc repasser chaque article où nous avons signalé les défauts, et nous essaierons de donner quelques moyens de les corriger.

DES PLATINES.

Si elles ne sont pas libres, il est important de les alibrer ; car lorsqu'elles entrent de force, on court le risque de casser quelques pivots. On assemble les deux platines sans goupilles ; en tenant la grosse platine, on touche à petits coups sur le bord de la petite avec un bois, ou un manche de lime, jusqu'à ce qu'elle entre librement, et sans jeu sur ses piliers, mais il ne faut pas agrandir les trous avec l'équarissoir ; si les piliers sont dérivés, on les rivera à petits coups de marteau, en cherchant à ne pas faire tordre la cage.

DU BARILLET ET DU RESSORT.

Les horlogers négligent assez souvent de sortir le ressort du barillet, soit aux montres, soit aux pendules, et il y a des ressorts qui n'ont pas vu le jour depuis 15 à 20 ans, l'huile est épaissie au point de coller les lames, de sorte qu'il peut à peine se développer. Si la force motrice est gênée, il est impossible qu'elle fasse tourner le rouage, et qu'il arrive assez de force au régulateur pour lui faire décrire ses arcs de vibrations ou entretenir ceux du pendule ; il est donc très important de sortir le ressort, de l'essuyer sans l'étendre, parce qu'en l'étendant on court risque de le faire casser, lorsqu'il ferait ses tours dans le barillet. Il faut aussi nettoyer l'arbre, les trous du barillet, et de son couvercle, le faire tourner sur son arbre ; s'il tournait mal droit, il faut le redresser en frappant sur le bord du couvercle, jusqu'à ce qu'il tourne droit ; on replacera le ressort, on y mettra de l'huile ainsi qu'aux tiges de l'arbre ; on le fera accrocher, il devra faire quatre tours et demi à cinq tours, afin de pouvoir l'armer d'un bon demi-tour, et en laisser autant dans le haut ; si le ressort remplissait trop le barillet, il ne ferait pas ses tours : dans ce cas on le recoupera, on refera l'œil, et on essaiera de nouveau s'il fait assez de tours.

Le barillet frotte souvent aux platines et à la grande roue moyenne, parce que les trous sont trop grands : il est facile de les resserrer avec un pointeau arrondi ; et s'ils sont trop petits après les avoir resserrés, on les agrandira avec un arbre à tourner, sur lequel on mettra de l'huile. Si le barillet tourne mal droit, on le redressera par le couvercle comme nous venons de l'indiquer ; cela vaut mieux que de limer le barillet et son couvercle, la grande moyenne ou les platines ; car il n'y a que les mauvais ouvriers qui emploient ces derniers moyens. Si le ressort ou son centre qu'on nomme coquille se gêne dans le barillet en se développant, cela vient de ce que le trou où s'accroche le crochet de l'arbre est trop haut ou trop bas, et le force contre le couvercle ou le fond du barillet. Dans ce cas il faut étirer ce trou avec une lime carrée jusqu'à ce qu'il ne force plus, et creuser le fond du barillet, et son couvercle près du centre, surtout s'ils ne sont pas plats, mais coniques, ce qui se voit très fréquemment ; il vaut mieux qu'ils soient un peu creux au centre : on s'en assure en y appliquant une petite règle. Si les crochets sont trop hauts, il faut les baisser, et ne leur laisser pour saillie que l'épaisseur du ressort. Souvent les chaînes se décrochent parce que l'ouverture au barillet est mal faite ; il faut y passer un équarissoir fin de l'épaisseur du crochet ou un peu plus, et l'incliner le plus qu'on pourra, afin qu'il n'y ait que le fond du crochet qui appuie. La chaîne remonte quelquefois sur le crochet, il faut, pour prévenir ce défaut qui arrête la montre, percer un trou près du bord du barillet et en avant du crochet, y chasser une goupille de l'épaisseur de la chaîne, et la limer en biais, afin que la chaîne glisse dessus, et se loge à côté du crochet sans le toucher. S'il n'y a pas de bride au ressort, on en pourra mettre une. Le ressort étant dans le barillet accroché, on introduira une étampe mince entre le premier et le second tour du ressort, à six ou huit lignes du crochet, on placera le barillet sur une masse en plomb, et on frappera sur l'étampe; lorsque le trou sera fait, on retirera l'étampe, et on ôtera le ressort; ensuite on fera la bride. On limera un morceau d'acier mince, jusqu'à ce qu'il entre juste dans le trou; on réservera une retranche de chaque côté. Cette partie de la bride étant ajustée au fond du barillet, on la coupera à fleur du bord du barillet; on fera également une retranche de chaque côté, afin que la partie réservée entre dans une entaille faite au couvercle.

DE LA FUSÉE.

L'encliquetage manque souvent, soit par son ressort qui casse, soit par le rochet dont les dents sont usées, ou le cliquet, qui, étant usé, devient trop court. Si le ressort est cassé, il faut le refaire en tout ou en partie; il suffit que la partie qui agit soit assez longue pour faire ressort, et qu'il soit solidement fixé à la roue par deux ou trois goupilles; il faut qu'il soit bien écroui. Si les dents du rochet sont usées, on peut les renfoncer à la lime, pourvu que le cliquet soit encore assez long pour arrêter sûrement, et dans le cas contraire en refaire un autre; si l'on n'a pas de plate-forme, on peut le diviser sur la taille d'une lime rude près de la queue. Si le cliquet est trop court, ou s'il a trop de jeu dans son trou, il faut le refaire, plutôt que de remettre une goupille pour l'empêcher de renverser, et le raccourcir bien à raz de la roue, afin qu'il ne touche pas à la grande moyenne. Si la goutte de fusée ne serre pas, on peut, si elle est épaisse, resserrer son trou, et donner quelques petits coups de lime sur l'arbre pour la fixer. Il arrive quelquefois que l'arbre est trop en cône et la goutte n'y peut pas tenir, quand même on en referait une autre. Si le garde-chaîne est trop long, il faut le recouper jusqu'à ce que le crochet de fusée s'arrête contre, en faisant un angle droit, et l'entailler au bout, pour que le crochet entre dans cette entaille, afin de l'arrêter sûrement. Si les trous de la fusée sont trop grands, il faut les reboucher avec des bouchons tournés, et la remettre bien droite en cage au moyen de son pont. Si elle n'a pas assez de jour du côté de la grosse platine, et qu'elle y frotte ainsi que sur la grande moyenne, on peut tourner un peu le devant de la fusée, si l'encliquetage est assez épais, et qu'on ne risque pas de faire crever l'entaille de la chaîne. Si le crochet de fusée frotte à la petite platine, on peut encore la tourner sous le crochet pour lui donner du jeu, mais ne pas tourner ni racler les platines. Si des vis touchent soit au crochet ou à la roue, il faut les ôter pour les raccourcir, et ne pas limer les bouts sur les platines. Si le crochet de la chaîne touchait aux ailes du pignon du centre, il faut ôter la goupille du crochet, et en remettre une autre plus enfoncée dans l'entaille de la chaîne. Quelquefois la chaîne ne tient pas sur les premiers tours de la fusée, et tombe, parce que les bords des pas sont enlevés; il faut les renfoncer avec une petite lime à égaler ou avec une lime à fendre; si la chaîne en tombant se courbe et se couche à plat sur le barillet, il faut l'ôter, la mettre à plat sur l'établi, et la redresser avec un petit marteau jusqu'à ce que tous les paillons appuyent, et qu'elle soit plutôt pliée en sens inverse. Souvent elle est rouillée, il faut la mettre dans l'huile environ une demi-heure; ensuite on la tourne autour d'une broche serrée à l'étau, et on la tire d'un bout à l'autre en la tenant par ses deux crochets; on réitère cette opération en sens inverse, puis on l'essuie.

DES ROUES ET DES PIGNONS EN GÉNÉRAL.

Lorsqu'une roue tourne mal droit sur sa tige, elle est sûrement dérivée; rien n'est plus facile que de la river à petits coups, et de la mettre droite en frappant sur la rivure plutôt que sur les bras de la roue; si l'on touchait trop fort les premiers coups de marteau, il serait difficile de la dresser, parce qu'elle serait déjà fixée fortement sur son pignon, et les autres coups de marteau ne pourraient la ramener droite; si elle est plus épaisse d'un côté que de l'autre, il faudra la rendre égale en la tournant et en la limant; on l'adoucira ensuite, et on la repolira. S'il y a de grosses dents, on peut les limer de côté, pour les ramener à peu près à leur grosseur, afin d'eviter aux engrenages des arcboutemens ou des chutes. Il est nécessaire que les roues soient équilibrées, surtout celles de champ et de rencontre ou de cylindre. On limera donc dans les croisées du côté le plus pesant, jusqu'à ce qu'étant placée sur le huit de chiffre, elle soit en équilibre. Si un pignon n'est pas rond, il faut le redresser par les tiges avec un petit marteau tranchant, et ensuite on dresse sa roue. On trouve souvent des pignons qui ne sont pas de grosseur; s'ils sont trop gros, on peut les retourner dessus, refaçonner les ailes au burin ou à la lime, et ensuite les adoucir et les polir avec un fer creux, avec lequel on achève d'arrondir les ailes. S'ils sont trop petits, il en faut refaire d'autres.

DES ENGRENAGES.

Lorsqu'une montre a marché fort long-temps, il est très probable que les trous se sont agrandis, et que les pivots sont en partie usés par l'effet du déssèchement des huiles et des particules étrangères qui ont aidé à ronger les trous et les pivots; les engrenages sont nécessairement dérangés. Si l'on se contentait de rebattre ou resserrer les trous, on ne rapprocherait les engrenages que de la moitié de l'usure des trous, et ils seraient encore trop faibles; les roues et les pignons conduits par elles, tendent les unes et les autres à se désunir, de sorte qu'il arriverait que les engrenages seraient tellement faibles qu'ils arcbouteraient et arrêteraient la machine. Il est de toute nécessité de reboucher les trous avec de bon laiton, et de refaire l'engrenage au compas le plus fort possible. La roue et le pignon qu'elle conduit doivent être libres tous les deux; alors il y a toujours un peu d'ébat dans les trous, il faut un peu de place pour l'huile, et l'engrenage n'est que juste. Nous supposons ici que les pignons sont de grosseur ; car s'ils sont trop gros, l'engrenage doit pénétrer davantage ; et, s'ils sont trop petits, l'engrenage devra être faible. Non-seulement on juge l'engrenage à l'œil sur le compas, mais on le juge encore mieux au doigt. La roue et le pignon étant serrés entre les broches du compas, si l'engrenage est bon, il doit être sans sauts et très doux en faisant aller et venir la roue qui conduit le pignon.

DES PIVOTS.

Nous avons dit que bien des ouvriers recuisent les tiges pour faire les pivots, aussi il n'est pas rare de voir que lorsqu'une montre a marché quelques années, les pivots sont usés, et en même temps leurs trous; le meilleur remède, c'est de casser les pivots usés, percer les tiges et remettre d'autres pivots. On centre facilement la tige soit à l'œil, soit au tour sur la broche à raccourcir et arrondir les pivots ; la tige étant centrée, on perce un trou de la profondeur d'une fois et demi la longueur du pivot, et un peu plus gros que le diamètre qu'il doit avoir ; on nettoie bien ce trou jusqu'à ce que le bois en sorte net ; on y chasse un morceau d'acier trempé et revenu bleu, qu'on a limé avec une lime douce ; on le chasse jusqu'à ce que le marteau ressaute, ce qui indique que le bout touche le fond du trou; on y fait une pointe par laquelle on met rond le pignon et sa tige; on tourne le pivot de grosseur, et on le finit comme à l'ordinaire. Il vaut beaucoup mieux remettre un pivot que de refaire le pignon, car on gâte souvent les roues en les rivant, et elles tournent mal rond. Si l'on a bleui le pignon, on lui rend son poli en le plongeant dans l'acide sulphurique (huile de vitriol) très étendu d'eau, on le passe ensuite dans l'eau pure, et on le nettoie avec le bois pourri, le sureau ou le gros bois de chanvre. On peut, si les platines ou barettes sont épaisses, resserrer les trous; dans le cas contraire, les reboucher avec un bouchon tourné et taraudé. On centre un morceau de fil de laiton, on le tourne rond et on le taraude ; ensuite on le perce avec un foret un peu plus petit que le pivot; on le fait entrer dans la platine ou barette aussi taraudée, on le coupe à ras, on le rive légèrement, on agrandit le trou pour y faire entrer le pivot; puis on fait le réservoir d'huile avec la fraise ronde; on donne le jeu convenable avec une fraise plate et étroite, mais sans limer les platines. Cette méthode offre l'avantage de ne pas replanter le trou, et de l'avoir percé bien droit.

DE LA ROUE DE RENCONTRE.

Cette roue est sujette à bien des accidens : lorsque par une chute la verge se casse, le rouage court, et les dents s'émoussent contre la palette qui reste. Le particulier pousse quelquefois la roue de champ pour faire marcher sa montre, et fausse des dents à la roue de rencontre, le rhabilleur aussi, les fausse quelquefois. Lorsqu'elles ne sont que faussées, on les redresse facilement avec les bruxelles; mais quand elles sont cassées, on est obligé de refriser la roue pour atteindre celles qui sont trop courtes; on lime chaque dent par derrière avec une fine lime feuille de sauge, appelée lime à roue de rencontre, jusqu'à ce qu'on atteigne la pointe de la dent, et on passe un brunissoir plat sur le bout de chaque dent, comme il a été dit. L'échappement est alors trop éloigné, il faut le rapprocher en diminuant le nez du lardon, s'il est encore assez épais; s'il n'est que juste d'épaisseur, on peut le refouler. On met le lardon à plat sur un petit tas, et on frappe sur le nez; on peut aussi le baisser en dessous, lorsqu'il y a peu à faire; cela dépend de l'intelligence de l'ouvrier; mais s'il est trop mince, et gâté par des trous trop grands qu'on ne peut pas reboucher, il faut le casser et en remettre un autre. On lime en biais le dessous du lardon, on y ajuste un morceau de laiton qu'on fait tenir avec une goupille, ensuite on le soude et on le lime convenablement; on en fait autant du nez de potence s'il est gâté, on en rapporte un autre; on lime le bout de la potence à plat de l'épaisseur du nez, on y ajuste de même un morceau de laiton, on perce ce morceau et la potence, on y chasse une goupille pour le tenir, et on le soude; ensuite on le façonne sur la plaque de potence. Si la roue de rencontre est dérivée, on la rivera par les moyens indiqués à l'article des roues, et on la dressera en la rivant à petits coups.

DU BALANCIER.

On voit assez souvent dans une montre, le balancier tourner mal rond, ou mal droit; cependant il est essentiel qu'il n'ait pas ces défauts; s'il tourne mal rond, c'est peut-être qu'en refaisant la verge, on a fait la rivure de l'assiette un peu petite, et que le balancier s'est jeté de côté; alors comme il a nécessairement perdu son équilibre, la montre éprouve des variations du plat au pendu, ou bien le balancier est tellement mince qu'il se fausse entre les doigts quand on veut tourner la virole du spiral. Dans le premier cas, il faut ou refaire une autre assiette, ou mettre le balancier d'équilibre en le limant du côté le plus lourd; mais alors la montre avancera, et il faudra relâcher le spiral s'il en reste, ou affaiblir le tour extérieur. Dans le second cas, il faut le redresser avec les doigts seulement. On trouve beaucoup d'ouvriers assez ignorans pour diminuer le poids des balanciers jusqu'à ce que la montre ne s'arrête plus au doigt; ils les font tellement minces, que les bras et la serge ne ressemblent pas mal à des pattes d'araignée, et qu'ils se faussent comme nous venons de le dire. Ils ne voient pas que si une montre s'arrête au doigt, cela dépend souvent du rouage qui n'est pas libre, ainsi que le balancier, et plus souvent encore du spiral mal centré et mal droit qui force et gêne le mouvement du balancier; ou bien encore, de l'échappement qui est trop près, de la roue de rencontre qui a trop de jeu, et engrenne jusque dans le corps de la verge, et que toutes ces causes donnent naissance à une source de variations; car un balancier léger est maîtrisé par la force motrice; il reçoit trop facilement ses inégalités, et celles qui proviennent des défauts des engrenages, frottemens, etc. Il y aurait beaucoup à dire à cet égard, nous nous contenterons de condamner la mauvaise routine de ces ouvriers. On fait souvent tirer les minutes au balancier, c'est-à-dire que faisant marcher le balancier sans spiral, l'aiguille marque 26 ou 28 minutes par heure. C'est une méthode qui ne peut pas s'appliquer à toutes les montres; car le nombre de minutes qu'un balancier peut tirer par heure, dépend du nombre de vibrations qu'il bat, de sa grandeur, et des pignons plus ou moins nombrés. D'ailleurs on ne peut le faire qu'aux montres à roue de rencontre; mais dans toutes les autres, telles que celles à cylindre, à virgule, échappement libre, etc. on ne peut faire tirer les minutes, et ces sortes de montres marchent bien, quel que soit le poids des balanciers. Il est nécessaire de les laisser plutôt un peu pesans que trop légers; les montres seront moins sujettes à varier.

DE LA VERGE.

Dans la plupart des montres, la verge est plus ou moins marquée; lorsqu'elle est usée, on ne peut pas parvenir à régler la montre, il faut de toute nécessité la refaire suivant les principes indiqués à son article, en observant de tourner la rivure de l'assiette juste de la grandeur du trou du balancier; car si l'on fait la rivure trop petite, en rivant le balancier il se jette de côté; alors il n'est plus d'équilibre, la montre varie du plat au pendu, et par le mouvement du porter. Il est donc nécessaire de vérifier son équilibre, et s'il y a peu, il faut limer la serge du côté le plus lourd; mais, comme nous venons déjà de l'observer, la montre avancera, et pour la régler de nouveau, il faudra relâcher le spiral. Si les palettes sont trop hautes, on les diminuera avec du gros rouge pour qu'en faisant l'échappement, la verge lève 40 à 42 degrés.

DU SPIRAL.

On a déjà vu que le spiral était une des pièces les plus importantes et les plus essentielles, car c'est sur le spiral que se fonde la régularité constante de la montre. Nous avons indiqué les moyens de le choisir, et de reconnaître ses qualités ou ses défauts. Dans le rhabillage on est souvent obligé d'en remettre d'autres à la place de ceux qui sont gâtés. La virole étant assujettie sur un arbre ou sur une tige sensiblement conique, on fait entrer le bout du spiral dans le trou de la virole, et on le fixe par une goupille limée plat d'un côté ; c'est cette partie limée, qui doit appuyer sur le bout du spiral pour le dresser sur la virole ; on présente la goupille qu'on raccourcit convenablement, afin qu'étant serrée, il n'en dépasse que fort peu ; on marque l'endroit où elle doit être coupée de longueur, on la fixe en dressant le spiral, on casse à l'endroit marqué, puis on la serre. Le spiral doit tourner bien rond et bien droit, ensuite on le fixe au piton avec une semblable goupille servant à le dresser bien parallèlement à la platine, et de manière que le centre de la virole se présente sur le trou du pivot de la verge ; le tour extérieur doit se placer entre les goupilles du rateau. Il arrive à bien des montres que la coulisse n'est pas concentrique à la verge, et qu'après avoir placé le spiral bien rond et bien droit, la virole ne se présente pas au centre du pivot de la verge. Il faut la ramener par les tours extérieurs du spiral jusqu'à ce qu'elle vise au centre, en faisant attention que le second tour ne frappe pas au piton. Si le spiral était faible, et qu'il fît retarder la montre d'une demi-heure ou d'une heure par jour, on le recoupera au centre, d'un demi-tour, ou d'un tour ; il est beaucoup plus sensible qu'au dehors. S'il se trouvait un peu trop fort, on peut affaiblir le premier tour en le raclant intérieurement avec un burin, mais il faut y faire peu, la montre sera plus sensible à régler. Si on l'affoiblit trop, le second tour risque de frapper au piton, parce que le premier déploie trop ; il vaut mieux en remettre un autre.

On trouve souvent dans les montres des spiraux faussés par les rhabilleurs maladroits ; il est assez facile de les redresser avec une bruxelle destinée à cet effet ; faute de celle-là on emploie les bruxelles ordinaires avec une petite pointe, ou le bout de ses doigts; il est assez difficile d'indiquer la manière d'agir, mais l'ouvrier intelligent y supléera facilement. Lorsque le spiral fait l'entonnoir, c'est-à-dire qu'il est conique, on place la virole sur un arbre, et avec les bruxelles on saisit le piton, on fait faire à plusieurs reprises un cône au spiral en sens inverse, et on parvient à le redresser assez bien. S'il est conique ou mal centré, le balancier est gêné, et ses vibrations perdent beaucoup de leur étendue.

Tout ce que nous avons dit des montres simples peut s'appliquer aux répétitions, et même aux pendules, sauf les effets de sonnerie.

Nous allons en deux mots indiquer la manière de nettoyer et remonter la montre lorsqu'elle est entièrement réparée.

Pour nettoyer les platines on se sert de chaux blanche fusée à l'air; on peut l'employer à sec ou mélangée avec de l'esprit de vin: on brosse légèrement les platines avec une brosse très douce après avoir essuyé et ôté l'huile avec un linge blanc; on nettoie ensuite tous les trous avec des chevilles de bois de fusain. Il faut éviter d'employer le blanc de Troyes, il raye les platines et gâte la dorure. Lorsque tous les trous sont nettoyés avec soin, on remonte les pièces de la grosse et de la petite platine, on met de l'huile contre la portée du pignon de centre ainsi qu'à son pivot, et on met cette roue en place; on en introduit aussi aux deux pivots de fusée; on enroule la chaîne sur la fusée, et on l'accroche au barillet; cette méthode est plus facile que de la placer lorsque le rouage est remonté, surtout pour les répétitions. Lorsque toutes les roues sont en place, on pose la petite platine en faisant entrer les pivots de petite moyenne et de champ dans leurs trous, les autres mobiles y entrent facilement; on met les goupilles, on arme le ressort par le carré de l'arbre du barillet en laissant couler lentement le rouage, et on arrête le rochet à un demi-tour de bande environ; on met de l'huile partout, mais peu au pivot de la grande moyenne, car elle s'extravase sous le rateau et la coulisse. On met la verge, en ayant soin comme nous l'avons dit, de placer le spiral au milieu des goupilles du rateau. On place le coq, et on s'assure si le spiral tire également des deux côtés, c'est-à-dire, si la verge est dans son échappement. Le balancier et le spiral étant en repos, les palettes doivent lever autant d'un côté que de l'autre; on place le cadran et les aiguilles en ayant soin qu'elles ne se raccrochent pas.

Les montres bien réparées et nettoyées avec soin, retardent ordinairement, parce que le ressort se développant librement, le rouage tourne avec toute sa liberté, et qu'alors le balancier décrit de grands arcs. Il est bon de laisser un peu de retard, parce que, lorsqu'elles ont marché quelque temps, l'huile s'épaissit, le balancier perd de ses arcs, et elles finissent par avancer.

RÉFLEXIONS

SUR LA MARCHE ET LA BONTÉ DES MONTRES.

Il n'y a qu'un bon horloger qui puisse juger du travail d'une montre; encore faut-il qu'il la démonte, qu'il visite chaque pièce en particulier, qu'il voie les engrenages, l'échappement, les roues, les pignons, les pivots, etc. Enfin on ne peut la juger bonne, que lorsqu'elle est bien faite. Une montre mal finie est ordinairement mauvaise, quand même elle marcherait bien pendant un certain temps; le particulier au contraire juge que sa montre est bonne, lorsqu'elle va bien; cela est assez naturel; mais si cette montre est mal faite, elle n'ira pas long-temps bien, et finira par s'arrêter ou varier, au point qu'elle ne fera plus aucun usage. Il faudra la porter à l'horloger, et on ne manquera

pas de dire que la montre est excellente, quoique l'horloger la juge bien différemment. Enfin, après tous les soins qu'on aura mis à la bien réparer, il est possible et même probable que la montre ne marchera pas bien, et alors on dira : l'horloger a gâté ma montre ; bien des gens le disent, et en cela ils se trompent ; quelquefois aussi ils ne se trompent pas. Il est fort difficile à un bon horloger de faire bien marcher une mauvaise montre, qui, souvent en sortant des mains de celui qui l'a faite, est dans le même état que les montres usées ; tous les trous sont trop grands, les pignons, les roues, les engrenages, etc. sont défectueux ; et si l'on veut reboucher ou resserrer les trous, elle marchera plus mal, sans pour cela avoir été gâtée. Mais si on lime les platines en raccourcissant quelques vis, si on scie les barettes pour rapprocher les engrenages, si on casse des pivots et qu'on se contente de faire une pointe qui roule dans un trou conique, etc. voilà une montre gâtée, et il n'y a qu'un mauvais horloger qui puisse employer de pareils moyens. Il est donc nécessaire de connaître la capacité de celui à qui on livre sa montre, surtout si elle est bonne ; car elle deviendra mauvaise entre les mains d'un homme inhabile.

Quant à la régularité qu'on exige de la marche des montres, il y a des personnes plus difficiles que d'autres. Les unes trouveront par exemple qu'une montre va bien, quand elle ne se dérange que de deux ou trois minutes par jour ; d'autres exigent qu'elles marchent avec une régularité d'une minute par semaine ou par quinzaine ; c'est beaucoup.

Lorsqu'une personne voudra juger de la bonté de sa montre, après s'être assurée près d'un bon horloger qu'elle est bien faite, il faudra la comparer à une pendule bien régulière pendant une quinzaine de jours. On remarquera d'abord de six en six heures, plus ou moins, si la montre suit exactement la pendule ; ce qui prouvera que la fusée est bien égalie avec le ressort, et dans une montre à la Lépine, que l'action du ressort est bien égale partout. Ensuite on la fera marcher 24 heures étant pendue, et 24 heures à plat; si la marche est sensiblement la même, les frottemens des pivots du balancier sont bien égaux dans ces deux positions, et le balancier est bien d'équilibre; on verra encore si la marche est la même en la portant, et si le mouvement du porter ne la dérange pas, soit par des contre-battemens de la goupille de renversement qui contribueraient à faire avancer la montre, ou par un foible renversement d'une des palettes qui arrêterait un instant le mouvement du balancier, et le reprendrait ensuite, ce qui la ferait retarder; ou enfin par bien d'autres causes. On verra encore dans les différentes saisons, si la chaleur ou le froid ne fait pas varier sensiblement sa marche.

Une montre peut bien marcher pendant quelques semaines, et même pendant plusieurs mois; mais lorsque l'huile (notre plus grand ennemi dans l'horlogerie) s'est épaissie, elle ne marchera plus avec la même régularité, et variera. Les mauvaises sont sujettes à de plus grandes variations.

Il y a des personnes qui voyagent, et qui exigent que leur montre se trouve d'accord avec les horloges de toutes les villes où elles entrent. Une dame est venue se plaindre de sa montre à la Lépine qui avait bien marché pendant son séjour dans notre ville, mais qu'elle s'était dérangée d'un quart d'heure pendant son voyage à Paris, et qu'elle en avait fait autant à son retour en sens inverse. Je la rassurai en lui disant que ce dérangement était naturel, et qu'elle avait marché régulièrement; que c'était la différence de longitude entre Paris et Besançon, qui est de 14 minutes, 51 secondes. Elle ne voulut rien entendre, et ne fut pas satisfaite de ma réponse.

D'autres personnes mettent leur montre à l'heure sur une horloge publique, et la comparent ensuite à l'horloge d'un autre lieu, en attribuant la différence à leur montre plutôt qu'à l'horloge. Enfin il faut le dire; il y a de certaines gens entre les mains desquelles une bonne montre est inutile, et ne marchera jamais bien, parce qu'ils ne savent pas la conduire. Il en est de même des personnes qui, ayant mis leur montre à l'heure sur un méridien, trouvent une différence en la comparant à un autre méridien de la même ville ou d'un lieu rapproché. Elles ne peuvent pas se persuader que la variation vient du méridien qui a été mal fait, et dont le midi a été déterminé trop tôt ou trop tard; dans une ville distante de huit lieues, le méridien est en retard de près de 14′; dans une autre ville éloignée de nous de six lieues, il avance de près de douze minutes; voilà donc une différence d'environ 26 minutes entre ces deux villes éloignées l'une de l'autre d'environ douze lieues. On voit qu'on ne peut se fier à des méridiens mal faits pour régler sa montre, surtout si on la compare à deux méridiens dont le midi de l'un avance ou retarde sur l'autre.

On trouve quantité de personnes qui annoncent dans leurs montres une régularité qui tient du merveilleux; dans tout le cours de l'année elles arrivent au méridien avec l'heure juste. N'y aurait-il pas de leur part quelque petite supercherie? on se fait une certaine gloire de faire croire qu'on possède une excellente montre; en effet c'en est une, mais pour l'artiste qui l'a faite. C'est souvent après avoir vérifié et remis sa montre d'accord avec une bonne pendule, qu'on vient au méridien; on la trouve aussi d'accord, et l'on vante sa grande régularité devant des promeneurs bien étonnés, qui vont porter des plaintes à leur horloger de ce qu'ils ne peuvent pas atteindre la régularité miraculeuse dont ils viennent d'être témoins.

Pour faire l'acquisition d'une bonne montre, on doit s'adresser à un bon horloger, et ne pas se laisser séduire par l'apparence d'une montre qui serait, quant à sa forme extérieure, à peu près semblable à celle qu'on aurait déjà présentée, mais dont l'intérieur serait absolument différent quant aux soins d'exécution, à la perfection de l'ouvrage et au fini de chaque pièce en particulier. On doit se méfier des montres qu'on vend à bas prix; les bons ouvriers doivent être bien payés, et on ne peut pas livrer à bas prix des montres dont les différentes parties ont été bien faites et bien soignées. Il ne faut pas s'étonner si dans les premiers temps qu'on possède une montre neuve, elle va toujours en retardant; ce n'est souvent qu'après plusieurs mois qu'on trouve le point où sa marche est régulière; les causes de ce retard sont : le ressort qui perd une partie de son élasticité, les pivots qui perdent de leur poli, l'huile qui s'épaissit, etc. Quant à la régularité qu'on doit en exiger, tout est relatif; si une montre ordinaire avance ou retarde d'une minute par jour, on ne doit pas s'en plaindre. Les montres à la Lépine marchent plus régulièrement; il y en a qui varient à peine d'une ou deux minutes par mois, quelquefois moins; pour les pendules, si elles n'éprouvent qu'une variation de deux ou trois minutes en quinze jours, c'est satisfaisant; mais pour les horloges astronomiques, il y en a qui, dans une année ont moins d'une minute, et même d'une demi-minute d'écart.

On ne doit pas s'étonner si une montre quelque bien faite qu'elle soit, ne suit pas la marche d'une pendule bien réglée qui est immobile dans la même situation, et toujours dans un air qui change peu de densité; la montre au contraire est tantôt suspendue et tantôt à plat; de là elle passe dans le gousset où l'air est chaud, et ensuite sur une table de nuit ou sur une commode à dessus de marbre, exposée au froid et même à la gelée qui coagule l'huile, et qui augmente la force et l'énergie du ressort moteur et du spiral. Ces passages subits du chaud au froid, les agitations du porter, ou l'état de repos, contribuent à des variations plus ou moins grandes selon la nature de la montre. Lorsqu'on ôte sa montre du gousset, il est nécessaire de la suspendre près de son lit, non contre un mur froid et humide, mais contre une planche ou le bois du lit. Quelques personnes mettent leur montre sous le traversin, c'est une mauvaise méthode; si elle se trouve pressée par le corps, le fond de la boîte fléchit, les lunettes se resserrent, et la montre risque de s'arrêter ou de varier, selon que le balancier se trouvera plus ou moins gêné, ou bien que le carré des aiguilles, ou l'aiguille des minutes touchera à la glace. Sa position à plat ou inclinée contribuera encore à la faire varier, si le balancier n'est pas d'équilibre, ou si les frottemens de ses pivots diffèrent dans ces deux positions.

Une bonne montre peut marcher deux ou trois ans sans avoir besoin d'être nettoyée; tant que l'huile est fluide aux pivots, elle marche bien; mais lorsque par la chaleur du gousset, ou par le temps, elle s'est évaporée et desséchée, les pivots tournent à sec, ou dans un enduit formé par l'huile et les particules étrangères qui s'introduisent dans la montre, les pivots se rouillent et se rongent, les trous s'agrandissent, et la montre se gâte plus dans cet état en un mois, qu'elle ne le ferait dans plusieurs années en y renouvelant les huiles.

Il est nécessaire, et cela dans l'intérêt du particulier, qu'une montre soit nettoyée tous les deux ou trois ans. On a vu des montres et des pendules perdues pour avoir marché trop longtemps dans la sâleté et privées d'huile; les pivots et les trous étaient absolument usés, et quand on ne fait que nettoyer une pareille machine, elle ne marche plus sortant des mains de l'horloger, et l'on dit encore que c'est l'horloger qui a gâté cette montre ou cette pendule, tandis que c'est le propriétaire lui-même qui l'a laissé perdre; si l'on fait toutes les réparations dont une pareille machine a besoin, on doit s'en faire payer, c'est trop juste; mais souvent on dit : ma montre allait bien, et n'avait besoin que d'être nettoyée. L'horloger se trouve accusé d'infidélité, quelquefois aussi on l'accuse d'avoir changé des pièces; ceci est trop absurde pour être réfuté.

Quelques personnes, dans la crainte de déranger leurs montres en faisant rétrograder les aiguilles lorsqu'elles avancent, leur font faire presque le tour du cadran. Par cette méthode on contribue à desserrer les aiguilles, et il arrive que le mouvement marche, et que les aiguilles ne tournent pas; elles restent en arrière un certain temps, et se remettent à marcher. Si c'est une montre à répétition, l'aiguille des minutes s'arrêtera lorsque l'heure devra changer. Le bouton de la surprise touchant la dent de l'étoile, trouve la résistance du ressort du sautoir, et l'aiguille reste arrêtée jusqu'à ce que la chaussée trouvant sur sa tige un endroit où elle se resserre, l'aiguille passe ; mais le retard est toujours indiqué par les aiguilles, et on a beau toucher au spiral, le défaut ne se corrige pas. Il faut remettre sa montre à l'heure par le chemin le plus court, et ne pas craindre de reculer les aiguilles, excepté aux montres à réveil ; on ne doit pas, en rétrogradant, faire passer l'aiguille des heures sur celle de réveil. Elle y resterait et se desserrerait; mais on peut la faire avancer en passant par dessus. Il en est de même des pendules et des horloges : on ne peut pas les faire rétrograder, à moins qu'il n'y ait une détente brisée ou à pied de biche, qu'on peut reculer facilement; mais il faut s'en assurer.

Il est des personnes assez ridicules pour ne vouloir acheter une montre ou une pendule qu'à l'essai, et ne la payer que lorsqu'elle ira bien. On peut se méfier d'un ouvrage acheté chez un horloger sans capacité, ou chez un revendeur ; mais si l'on s'adresse à un horloger habile et honnête homme, c'est une injure qu'on lui fait de vouloir essayer ses ouvrages. Si on lui demande une bonne montre, ou une bonne pendule, et qu'on la paie pour telle, il s'engage à la bien faire marcher, ou à la reprendre, si elle va trop mal ; qu'elle soit payée ou non, l'artiste peut répondre de la valeur de l'objet, et l'acheteur doit avoir autant de confiance dans l'horloger, que l'horloger peut en avoir dans l'acheteur.

Avant de terminer cet ouvrage, nous nous sommes apperçu d'une omission qu'il est utile de reproduire :

Pour éviter le reproche qu'on pourrait nous faire de n'avoir pas parlé de l'échappement libre à détente, présenté par Pierre Le Roy à l'académie des Sciences en 1748, nous allons essayer de le décrire. Il nous serait difficile d'en offrir une description très intelligible sans en donner les dessins; mais les artistes pourront consulter *le Recueil des machines de l'académie*, tome VII, pag. 385, où il est décrit et gravé.

La roue d'échappement faite en couronne est aussi grande que le balancier ; elle est placée en dehors de la petite platine, et porte 44 dents, afin (dit Pierre Le Roy) « de faire moins » de tours, et moins fatiguer ses pivots. » Une courbe ou levée, dont la longueur égale la distance de la première à la troisième dent de la roue, est placée sur l'axe du balancier, elle reçoit l'impulsion de cette roue ; après cette impulsion donnée, une détente arrête par un de ses bras terminé en forme de fourche, une dent de la roue ; cette détente est poussée dans les dents par un demi-cylindre creux porté par l'axe du balancier au dessous de la courbe, et qui agit sur l'autre bras de la détente ; le ressort qui la presse agit en sens inverse de celui employé dans tous les échappemens libres à détente ; car dans tous ceux connus, le ressort force la détente à s'engager dans les dents de la roue, et dans celui de Pierre Le Roy, c'est afin de l'en dégager et la laisser libre : c'est la pression des dents contre la partie creuse de la détente qui la maintient en arrêt.

Lorsque l'échappement est en jeu, la roue, par une de ses dents, écarte la courbe ; en même temps le demi-cylindre pousse la détente, dont l'autre bras arrête la roue, et le balancier opère sa vibration ; mais lorsqu'il revient par l'effet du spiral, la courbe fait reculer la dent qu'elle rencontre, et à l'instant la détente pressée par son ressort, tombe à son repos, et laisse libre la roue. Le balancier continuant sa vibration, si elle est étendue, comme 170 à 180 degrés seulement, la courbe quitte aussi la dent de la roue, et nous remarquons que le rouage doit courir jusqu'au retour du balancier, car rien alors n'arrête la roue. Il pourrait marcher, mais fort mal, avec un arc de vibration d'environ 160°, mais avec un grand recul, et alors ce n'est plus un échappement libre. On peut s'en convaincre en jetant les yeux sur cet échappement dans le volume cité plus haut, comme il est impraticable, et ne peut bien marcher : c'est sûrement ce qui explique pour quoi Pierre Le Roy ne l'employa nulle part ; car celui qu'il appliqua depuis à sa montre marine est absolument différent. La roue n'a que six dents, elle tourne sept fois et un tiers plus vite, elle agit, comme nous l'avons vu, sur la serge du balancier, et le ressort qui presse sur la détente la force à arrêter la roue. Cet échappement ne pourrait donc pas prendre rang parmi les inventions, puisqu'il est impraticable.

FIN.

TABLEAU SYNOPTIQUE

POUR SERVIR À L'ESSAI SUR L'HISTOIRE DE L'HORLOGERIE.

ANNÉES avant J. C.		Pages.
740	Achaz, roi de Juda. Son horloge, ou cadran solaire. .	3
547	Anaximandre de Milet, selon Pline, inventa la sphère, apprit aux Lacédémoniens à faire des cadrans solaires. .	ib.
400	Platon, disciple de Socrate, auteur de la plus ancienne clepsydre, ou horloge nocturne.	ib.
350	Aristote parle de l'invention des roues dentées, attribuée plus tard à Archimède.	5
250	Archimède de Syracuse, auteur d'une sphère mouvante à roues dentées, dont on ignore le moteur.	ib.
140	Ctésibius, sa clepsydre à roues dentées.	7
80	Possidonius, astronome grec. Sa sphère mouvante; c'était, selon Derham, une pièce d'horlogerie, et non une clepsydre.	ib.
490 ans après J. C.	Théodoric, roi des Goths, envoie à Gondebault deux horloges, l'une solaire, l'autre hydraulique.	ib.
721	Y-Hang, astronome chinois. Horloge d'eau à roues, marquant les mouvemens des planètes.	ib.
809	Haroun-al-Rachid envoie à Charlemagne une horloge de laiton mue par une clepsydre.	8
850	Pacificus, archidiacre de Véronе. On lui attribue l'invention de l'échappement, et l'application du poids moteur.	9
999	Gerbert, moine d'Aurillac. On lui attribue aussi l'invention de l'échappement, et l'application du poids moteur.	ib.
1108	Les religieux de Cluny n'avaient ni horloges, ni clepsydres, le sacristain voyait les astres et réveillait les religieux.	ib.

ANNÉES après J. C.		Pages.
1673	Richer est le premier qui observe le raccourcissement du pendule sous l'équateur.	27
1673	Claude Perrault, auteur d'une horloge à pendule mue par l'eau; il a traduit Vitruve, et fait le péristyle du Louvre.	*ib.*
1674	L'abbé de Hautefeuille présente à l'académie royale des sciences, un ressort droit réglant pour gouverner le balancier.	24
1675	De Leibnitz propose un remontoir d'égalité pour une montre marine.	28
1676	Barlow et Quare inventent la répétition, et l'appliquent aux endules d'appartement.	25
1677	Matthieu Campani invente la pendule muette donnant l'heure pendant la nuit, sur un drap blanc.	28
1680	Roëmer compose cinq machines à mouvemens astronomiques.	28
1680	Clément, horloger de Londres, invente l'échappement à ancre pour faire décrire de petits arcs au pendule avec une lentille pesante.	29
1695	Tompion invente le premier échappement à repos pour les montres.	30
1700	Facio de Genève invente l'art de percer les rubis pour les montres.	*ib.*
1715	Graham invente le pendule à compensation par le mercure; son bel échappement à repos pour les horloges astronomiques, l'échappement à cylindre pour les montres, etc.	37
1717	Henri Sully publie sa *Règle artificielle du temps*. . . .	32
1721	— Perfectionne l'échappement en diamant de De Baufre.	
1723	— Présente sa pendule à levier à l'académie des sciences.	
1717	Gaudron, auteur d'un remontoir pour les pendules. . .	38
1717	Julien Le Roy présente à l'académie des sciences une pendule à équation.	39
1738	—Présente à la même académie une horloge astronomique réglée par un pendule à compensation.	*ib.*
1722	De Camus publie son *Traité des forces mouvantes*; il décrit plusieurs pendules, dont une marchant un an. . .	35
1724	Dutertre invente un échappement à deux balanciers. Ber-	

1780 Perrelet, de Neufchâtel, invente la montre à secousses. On l'attribue aussi à un horloger de Vienne en Autriche. 74

1782 Josias Emeri fait d'excellentes montres de poche à balancier compensateur spiral cylindrique. 74

1794 Thomas Mudge, auteur d'un échappement libre à remontoir d'égalité d'arc, ou à force constante. 72

—Auteur de l'échappement libre à ancre. 72

1798 L. Perron invente un échappement libre à plans inclinés pour montres. 87

1810 —Présente à l'académie des sciences de Besançon le plan d'une horloge à planisphères, et des nombres pour les révolutions des planètes et de leurs satellites. 88

1820 —Invente un compensateur circulaire sur le spiral pour les montres. 90

1823 —Obtient à l'exposition des produits de l'industrie française une médaille de bronze pour chronomètres, et horloge astronomique. 91

1827 —Rappel de médaille. 93

1832 —Invente un échappement à plans inclinés, et à rouleaux mobiles pour les pendules, et un compensateur à lame bi-métallique sur le pendule. 94

1805 Urbain Jürgensen publie ses *Principes généraux de l'exacte mesure du temps*. 74

Sans date d'invention Bréguet, dans tout le cours de sa vie s'est rendu célèbre par un grand nombre d'inventions utiles dans l'art de l'horlogerie. 79

1812 Louis Berthoud publie: *Entretiens sur l'horlogerie* à l'usage de la marine, etc.; auteur d'un grand nombre de montres marines et d'horloges astronomiques très exactes. 75

1819 O. Pecqueur. Médaille d'argent pour ses produits. . . . 82

1823 —Médaille d'or, pour une pendule à temps moyen et temps sydéral, etc. . . . . *ib.*

1819, 1823, 1827 Wagner obtient à chacune de ces expositions une médaille d'argent pour différens produits d'horlogerie. . . *ib.*

1819 Lepaute fils. Médaille d'argent pour ses belles pendules astronomiques. 83

ANNÉES après J. C.		Page
1780	Perrelet, de Neufchâtel, invente la montre à secousses. On l'attribue aussi à un horloger de Vienne en Autriche.	7
1782	Josias Emeri fait d'excellentes montres de poche à balancier compensateur spiral cylindrique.	7
1794	Thomas Mudge, auteur d'un échappement libre à remontoir d'égalité d'arc, ou à force constante.	7
	—Auteur de l'échappement libre à ancre.	7
1798	L. Perron invente un échappement libre à plans inclinés pour montres.	8
1810	—Présente à l'académie des sciences de Besançon le plan d'une horloge à planisphères, et des nombres pour les révolutions des planètes et de leurs satellites.	8
1820	—Invente un compensateur circulaire sur le spiral pour les montres.	9
1823	—Obtient à l'exposition des produits de l'industrie française une médaille de bronze pour chronomètres, et horloge astronomique.	9
1827	—Rappel de médaille.	9
1832	—Invente un échappement à plans inclinés, et à rouleaux mobiles pour les pendules, et un compensateur à lame bi-métallique sur le pendule.	9
1805	Urbain Jürgensen publie ses *Principes généraux de l'exacte mesure du temps*.	7
Sans date d'invention	Bréguet, dans tout le cours de sa vie s'est rendu célèbre par un grand nombre d'inventions utiles dans l'art de l'horlogerie.	
1812	Louis Berthoud publie: *Entretiens sur l'horlogerie* à l'usage de la marine, etc.; auteur d'un grand nombre de montres marines et d'horloges astronomiques très exactes.	7
1819	O. Pecqueur. Médaille d'argent pour ses produits. . . .	8
1823	—Médaille d'or, pour une pendule à temps moyen et temps sydéral, etc.	[illegible]
1819, 1823, 1827	Wagner obtient à chacune de ces expositions une médaille d'argent pour différens produits d'horlogerie. . .	[illegible]
1819	Lepaute fils. Médaille d'argent pour ses belles pendules astronomiques.	[illegible]

ERRATA.

Page. Ligne.

13 7, qui est fixé, *lisez* qui dans ce temps était fixé.

17 3 et 4, les roues, les autres roues; *lisez* des roues, des autres roues.

48 1re, ne remédia, *lisez* ne remédiât.

92 3, il suffit d'ôter, *lisez* il suffit de donner.

101 11, goupilles fixées 1, 2, *lisez* goupilles 1, 2 fixées.

102 6, le bras, *lisez* les bras.

144 17, on la taillera; *lisez* elle est taillée.

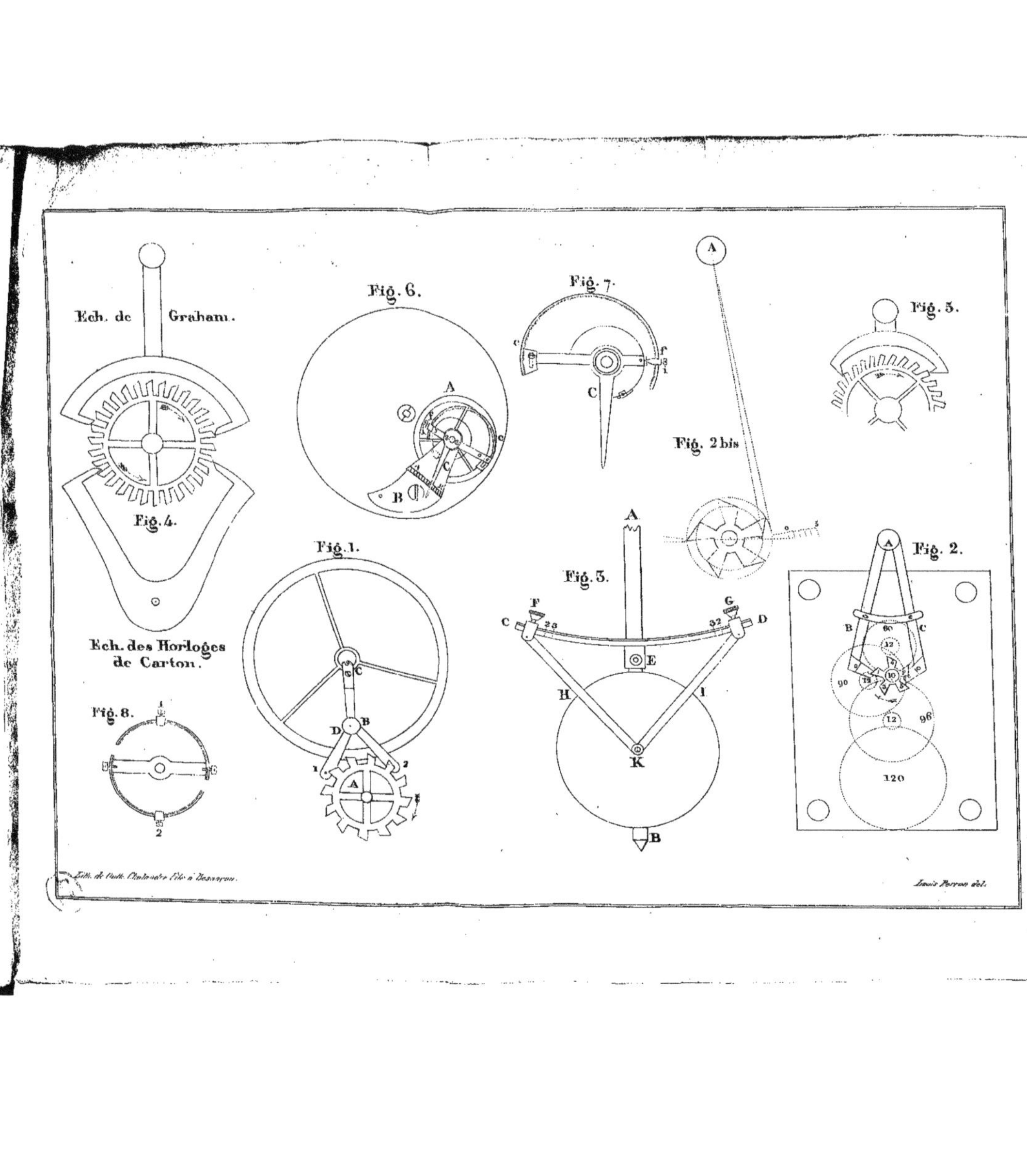
Ech. de Graham.
Fig. 4.
Ech. des Horloges de Carton.
Fig. 8.
Fig. 6.
Fig. 1.
Fig. 7.
Fig. 2 bis
Fig. 3.
Fig. 5.
Fig. 2.
Louis Perron del.

www.ingramcontent.com/pod-product-compliance
Ingram Content Group UK Ltd.
Pitfield, Milton Keynes, MK11 3LW, UK
UKHW020953230726
13923UKWH00007B/295